Textbook Series: Fundamentals of Radiological Technology
Radiation Physics

診療放射線基礎テキストシリーズ
放射線物理学

鬼塚 昌彦
椎山 謙一
阿部 慎司
長谷川 智之
澤田 晃
齋藤 秀敏
伊達 広行
土橋 卓
田中 浩基
著

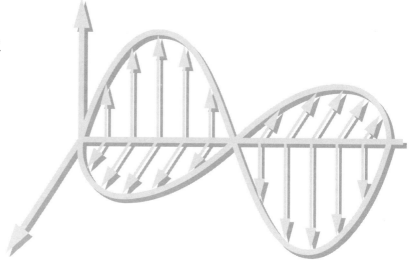

共立出版

「診療放射線基礎テキストシリーズ」刊行に当たって

 2014年12月に診療放射線技師学校養成所指定規則の一部が改正され，2018年4月から施行され，この改正による国家試験の出題基準は2020年の国家試験から適用されることになりました．現在は2012年版の出題基準を基本として2020年版の出題基準も参考として活用することにより国家試験が実施されています．

 このような状況の中，新出題基準に基づいた教科書シリーズを企画いたしました．本シリーズは放射線物理学，放射化学，放射線生物学，放射線計測学，放射線安全管理学，医用工学の6冊で，診療放射線技師養成のための基礎科目群で構成されています．現在，診療放射線技師の活躍する放射線の医療現場においては，絶え間ない進歩がみられます．このような放射線技術革新に耐えうるような基礎科目の修得は不可欠です．この企画においては，それぞれの専門分野で活躍されている研究者，教育者の方々に執筆をお願いし，各冊とも複数の著者で構成されています．

 読者対象は，これから診療放射線技師を目指している学生の教科書や参考書として使用されることを期待していますが，放射線医療に携わる看護師，医師などの副読本として活用されることを希望しています．

編集委員　鬼塚昌彦
齋藤秀敏
岩元新一郎

はじめに

　医療機器では物理学の原理や法則が活用されています．特に，放射線を使った画像診断機器や放射線治療装置は医療現場では不可欠の医療機器となっています．診療放射線技師は，このような放射線関連の最新医療機器を駆使し，放射線防護を含め診断に必要な画像提供や放射線治療の実施で活躍しています．そのため，放射線物理学の知識が根底にあってはじめて，放射線を使用した適切で最善な医療行為が可能となります．本書では，高校で物理学を履修していない学生にも，興味を持って学習できるように配慮されています．また，本書は2018年4月1日から施行された診療放射線技師国家試験出題基準に基づいて編集されたシリーズの一冊です．そのため，内容も診療放射線技師に必要な知識に絞られていて学習しやすい構成となっています．章末には，過去の国家試験問題やオリジナルの演習問題を掲載し学習の助けになるようにしました．また，新基準の小項目からは特殊相対性理論と量子論が省かれていますが，それらの内容は最小限に留め各章で必要に応じて解説しました．

　本書は，出題基準に基づいているため，出題基準の大項目が章立てになっています．そのため用語の出現や説明が前後する懸念もありましたが各執筆者はその点を十分に配慮し解説しています．

　第1章（放射線の基礎）では放射線の種類と性質について概説し，第2章以降の学習の導入となっています．放射線の性質やエネルギーの記述については，特殊相対性理論と量子論の知識を使っています．

　放射線の本質を理解するために原子および原子核の構造と性質についての理解が必要です．第2章（原子と原子核）では，原子と原子核を解説しました．ボーア原子模型，量子数，電子軌道，質量欠損，核スピン，磁気モーメントについても特殊相対性理論と量子論が必要ですがわかりやすく解説しています．

　第3章（放射線の発生）では放射性同位元素の壊変形式，放射能，核分裂，放射平衡などについて図を織り交ぜ平易に説明しています．また，X線につ

いてはX線の定義から発生の機序，特性X線などを解説しました．加速装置を使った粒子放射線の発生については，出題基準小項目にないため割愛しています．放射線治療機器学などの専門書を参照ください．

　光子，電子，重荷電粒子および中性子はそれらがもつ物理特性が大きく異なるため，物質との相互作用もそれぞれ異なったものとなります．第4章（物質との相互作用）では，物質との相互作用を各放射線ごとに解説しました．この章の知識は放射線診断，放射線治療，放射線防護などの領域で重要です．特に，最近では物質との相互作用の物理素過程をプログラム化し，シミュレーションする方法（モンテカルロシミュレーション法）が各領域で活用され，診療放射線技師にとって不可欠なものとなっています．そのため，本書のかなりのページを使って解説しました．

　超音波診断は比較的容易に行えるため，医療現場では広く普及しています．第5章（超音波）では超音波診断に必要な減衰，反射，音響インピーダンスやドプラ効果について解説しました．

　第6章（核磁気共鳴）では，核磁気モーメント，磁気回転比，ゼーマン分裂，磁化ベクトル，ラーモアの周波数，縦緩和，横緩和など基本的項目について図を多く使い説明しました．特に，磁化ベクトルの任意の方向への傾斜については容易に理解いただけると思います．

　本書の特徴をまとめますと下記の4項目です．
1. 2018年4月1日から施行された診療放射線技師国家試験出題基準に対応している
2. 診療放射線技師に必要な知識に絞られた内容で教科書として使用できる
3. 章末には，過去の国家試験問題やオリジナルの演習問題を掲載し学習の助けになるように配慮されている
4. 高校で物理学を履修していない学生にも，興味を持って学習できるように配慮されている

　最後になりましたが，本書出版の機会を与えて頂いた共立出版（株）の寿様，瀬水様に感謝いたします．また，これから診療放射線技師を志す学生の方々に本書を活用して頂けることを願っています．

　　2019年2月　　　　　　　　　　　　　　　　　　　　　　　　鬼塚昌彦

執筆担当

第 1 章　放射線の基礎　　　鬼塚昌彦
第 2 章　原子と原子核
　　　　2.1　原子　　　　　椎山謙一
　　　　2.2　原子核　　　　阿部慎司
第 3 章　放射線の発生
　　　　3.1　壊変　　　　　長谷川智之
　　　　3.2　X 線　　　　　澤田　晃
第 4 章　物質との相互作用
　　　　4.1　光子　　　　　齋藤秀敏
　　　　4.2　電子　　　　　伊達広行
　　　　4.3　重荷電粒子　　土橋　卓
　　　　4.4　中性子　　　　田中浩基
第 5 章　超音波　　　　　　鬼塚昌彦
第 6 章　核磁気共鳴　　　　鬼塚昌彦

目　次

第1章　放射線の基礎

1.1　電離放射線と非電離放射線 ……………………………………………… *1*
　　1.1.1　放射線の定義と分類 ………………………………………… *1*
　　1.1.2　放射線のエネルギー表現 …………………………………… *2*
　　1.1.3　直接放射線と間接電離放射線 ……………………………… *3*
1.2　電磁放射線 ………………………………………………………………… *4*
　　1.2.1　電磁放射線のエネルギーと分類 …………………………… *4*
1.3　粒子放射線 ………………………………………………………………… *5*
　　1.3.1　粒子放射線の基本的性質 …………………………………… *5*
　　1.3.2　粒子放射線の種類 …………………………………………… *6*
1.4　放射線の具体的な種類 …………………………………………………… *7*
　　演習問題 ………………………………………………………………… *8*

第2章　原子と原子核

2.1　原　子 ……………………………………………………………………… *9*
　　2.1.1　構　造 ………………………………………………………… *9*
　　2.1.2　ボーアの原子模型 …………………………………………… *10*
　　2.1.3　量子数と電子軌道 …………………………………………… *12*
2.2　原子核 ……………………………………………………………………… *15*
　　2.2.1　構造（素粒子）と種類（同位体，同重体，同中性子体） ……… *15*
　　2.2.2　統一原子質量単位 …………………………………………… *18*
　　2.2.3　質量欠損と結合エネルギー ………………………………… *18*
　　2.2.4　核のスピンと磁気モーメント ……………………………… *21*
　　演習問題 ………………………………………………………………… *27*

第3章　放射線の発生

3.1　壊　変 ……………………………………………………………………… *29*

	3.1.1 法　則	29
	3.1.2 放射能	31
	3.1.3 形　式	33
	3.1.4 系列壊変と放射平衡	45
3.2	X　線	50
	3.2.1 X線の定義	50
	3.2.2 X線の発生	51
	演習問題	57

第4章　物質との相互作用

4.1	光　子	61
	4.1.1 相互作用の概要	61
	4.1.2 干渉性散乱（coherent scattering）	63
	4.1.3 光電吸収（photoelectric absorption）	68
	4.1.4 コンプトン散乱（Compton scattering）	72
	4.1.5 電子対生成（electron pair production）・三対子生成（triplet production）	80
	4.1.6 光核反応（photonuclear reaction）	84
	4.1.7 光子束の減弱とエネルギーの転移	87
4.2	電　子	92
	4.2.1 弾性散乱	96
	4.2.2 非弾性散乱	97
	4.2.3 制動放射	100
	4.2.4 電子対消滅	102
	4.2.5 阻止能と飛程	103
4.3	重荷電粒子	111
	4.3.1 弾性散乱	112
	4.3.2 非弾性散乱	114
	4.3.3 核反応	115
	4.3.4 阻止能と飛程	116
4.4	中性子	125
	4.4.1 分類と呼称	125
	4.4.2 非弾性散乱	126

viii　目　次

　　　4.4.3　捕　獲 …………………………………………………… *127*
　　　4.4.4　減　弱 …………………………………………………… *128*
　演習問題 …………………………………………………………… *129*

第5章　超音波

5.1　音　速 ……………………………………………………………… *135*
　　　5.1.1　縦波・横波 ……………………………………………… *135*
　　　5.1.2　音　速 …………………………………………………… *136*
5.2　減　衰 ……………………………………………………………… *137*
　　　5.2.1　超音波の強さ …………………………………………… *137*
　　　5.2.2　超音波の減衰 …………………………………………… *138*
5.3　音響インピーダンスと反射透過 ………………………………… *140*
　　　5.3.1　音響インピーダンス …………………………………… *140*
　　　5.3.2　超音波の反射と透過 …………………………………… *140*
5.4　ドプラ効果 ………………………………………………………… *142*
　演習問題 …………………………………………………………… *144*

第6章　核磁気共鳴

6.1　共鳴周波数 ………………………………………………………… *147*
　　　6.1.1　磁気モーメントと核の磁気回転比 …………………… *147*
　　　6.1.2　ゼーマン分裂と組織の磁化ベクトル ………………… *149*
　　　6.1.3　ラーモア周波数 ………………………………………… *151*
　　　6.1.4　共鳴周波数 ……………………………………………… *152*
　　　6.1.5　磁化ベクトルの運動 …………………………………… *152*
6.2　緩和時間 …………………………………………………………… *155*
　　　6.2.1　緩和現象（縦緩和・横緩和） ………………………… *155*
　　　6.2.2　縦緩和（T1緩和） ……………………………………… *157*
　　　6.2.3　横緩和（T2緩和） ……………………………………… *158*
　　　6.2.4　180°パルスによる磁化ベクトル ……………………… *158*
　演習問題 …………………………………………………………… *159*

演習問題解答 ………………………………………………………………… *161*
索　引 ………………………………………………………………………… *167*

1 放射線の基礎

1.1 電離放射線と非電離放射線

1.1.1 放射線の定義と分類

放射線（radiation）とは，真空空間や物資（媒質）中を伝搬していくエネルギーの流れと定義される．この流れには，2つある．ひとつは，素粒子などの小さな粒子が運動エネルギーをもって飛んでいく粒子の流れである．他のひとつは，電界と磁界が波として伝搬していくエネルギーの流れである．前者を**粒子放射線**（particle radiation），後者を**電磁放射線**（electromagnetic radiation）という．メガネレンズ洗浄や超音波診断でお馴染みの超音波は，確かに音波エネルギーの流れではあるが放射線の定義には入れない．

放射線が物質中を通過するときに，その物質を電離する能力の有無で分類できる．電離する能力をもつ放射線を**電離放射線**（ionizing radiation），電離する能力をもたない放射線を**非電離放射線**（non-ionizing radiation）という（表1.1）．

表1.1 放射線の分類と該当する放射線

大分類	小分類	物質を電離する能力	該当する放射線
非電離放射線		無	長波，中波，短波，マイクロ波，赤外線，可視光線など
電離放射線	直接電離放射線	有	電子線，陽子線，炭素線など
	間接電離放射線	有	X線，ガンマ線，中性子線

原子構造については第 2 章で詳しく解説するが，**電離**（ionization）とは，物質を構成している原子と放射線との相互作用で，原子に束縛されている軌道電子が放射線のエネルギーを受け取り束縛状態から逃れ原子外に放出される現象である．原子を電離させるために必要とされる最小エネルギーを原子の**電離エネルギー**（ionization energy）という．一方，**励起**（excitation）とは，放射線のもつエネルギーが電離エネルギーにより小さい場合，つまり**結合エネルギー**（binding energy）（束縛状態を脱し原子外に放出されるのに必要なエネルギー）より少ないエネルギーを軌道電子が受け取る場合には，電子はより高い軌道に持ち上げられる現象である．生体に放射線が照射されるとき，電離や励起という現象は生体への影響への主要な原因である．放射線と原子との相互作用の結果，生じる現象は電離および励起以外の現象として原子核反跳，制動放射，原子核反応がある．これらの放射線と物質との相互作用や原子構造の詳細な説明は第 4 章で述べる．放射線の定義からは非電離放射線と電離放射線の両方を含んでいるが，医療における放射線物理学においては，放射線という場合には電離放射線のことを指す．

1.1.2 放射線のエネルギー表現

素電荷（電子や陽子の電荷量）をもつ粒子が電圧 1 V の 2 点間で加速されたときに得る運動エネルギーの大きさを 1 電子ボルト [eV] と定義する．ジュール J との間には

$$1\,\mathrm{eV} = 1.6022 \times 10^{-19}\,\mathrm{J} \tag{1.1}$$

の関係がある．統一原子質量単位 u は原子核や素粒子のような非常に小さな質量を記述するのに便利である．統一原子質量単位は質量数 12 の中性炭素原子の質量を 12 u と定める．したがって**アボガドロ定数**（Avogadro's number）（6.022×10^{23}）で 1 g を割った値が 1 u の大きさである．g 換算で表現すると

$$1\,\mathrm{u} = 1/(6.022 \times 10^{23}) = 1.6605 \times 10^{-24}\,\mathrm{g} \tag{1.2}$$

となる．さらに，粒子の質量をエネルギー（静止エネルギー）で表現すると，相互作用のエネルギーの授受の理解が容易になる．光速度が 2.9979×10^8 m/s であるため，$E = mc^2$ を使って電子，陽子，中性子の静止エネルギーを計算すると，それぞれ 0.511，938.2，939.6 MeV である．電子ボルトの単位は光の

エネルギーにも使用される (1.2.1 項).

1.1.3 直接電離放射線と間接電離放射線

電離放射線は，電離過程の違いにより直接電離放射線と間接電離放射線に分類される．直接電離放射線は，物質を構成している原子の軌道電子と入射荷電粒子との間の**クーロン相互作用** (Coulomb interaction) を介して直接物質にエネルギーを付与する．一方，間接電離放射線（光子，中性子）は，次の 2 段階の過程を経て物質にエネルギーを付与する．第 1 過程では，非荷電粒子と物質との相互作用で荷電粒子が解き放たれる．中性子の場合には陽子などが運動を開始する．第 2 過程では，運動を始めた荷電粒子は物質を構成している原子の軌道電子との間のクーロン相互作用を介して物質にエネルギーを付与する．光子の場合には，第 4 章で述べる光電吸収（光電効果），コンプトン散乱（コンプトン効果），電子対生成などの相互作用で電子が発生する．その電子が，物質を構成している原子の軌道電子との間のクーロン相互作用を介して物質にエネルギーを付与する．

原子の殻間の電子遷移に起因して発生する**特性 X 線** (characteristic X-ray)，電子-原子核間のクーロン相互作用に起因して発生する**制動 X 線**（**制動放射線**）(blemsstrahlung)，原子核の励起準位からより低い準位の遷移に起因するガンマ線，陽電子-電子消滅に伴う消滅光子（消滅放射線）(511 keV) も電離放射線に属する．

別の分類法として，表 1.2 に示すように放射線のもつ固有の物理特性で分類する方法がある．この分類では電磁放射線と粒子放射線である．1.2 節で電磁放射線，1.3 節で粒子放射線について述べる．

表 1.2 電磁放射線と粒子放射線

大分類	小分類	電荷の有無	該当する放射線
電磁放射線（光子）	非電離放射線	無	長波, 中波, 短波, マイクロ波, 赤外線, 可視光線など
	電離放射線	無	X 線, γ 線
粒子放射線	荷電粒子	有	電子線, 陽子線, α 線, 炭素線など
	非荷電粒子	無	中性子

1.2 電磁放射線

1.2.1 電磁放射線のエネルギーと分類

電磁波（electromagnetic waves）は電場と磁場が進行方向に垂直に振動して伝搬する波動である．電磁波は波長によって区分されている．波長が長い方から，長波，中波，短波，超短波，マイクロ波，遠赤外線，赤外線，可視光線，紫外線，X線，γ線に分類されている．電磁波は総称として光，光子もしくは光子線とも呼ばれる．電磁放射線（光）は波動と粒子の両方をもっていることがアインシュタインの光量子論で示された．その理論では，振動数 ν の光子エネルギー E は

$$E = h\nu \tag{1.3}$$

で与えられる．またその運動量 p は

$$p = h\nu/c \tag{1.4}$$

で表される．ここで h は**プランク定数**（Planck's constant），c は光速度である．光速度は波長 λ と振動数 ν との間に

$$c = \lambda\nu \tag{1.5}$$

の関係があるので

$$E = h\nu = hc/\lambda \tag{1.6}$$

が成立する．詳細は第3章で述べる．波長が長いほどエネルギーは小さく，波長が短いほどエネルギーは大きい．そのため，電磁放射線（光子）は，物質をイオン化させる能力に依存して非電離放射線および電離放射線の2つに分類される．原子の電離エネルギーとは原子を電離させるために必要とされる最小エネルギーである．前述の非電離放射線および電離放射線の境界は紫外線領域である．このことは，水素原子のK電子の結合エネルギー（13.6 eV）などから容易に理解できる．したがって，長波，中波，短波，超短波，マイクロ波，遠赤外線，赤外線，可視光線は非電離放射線である．図1.1には光子のエネルギー，振動数および波長の関連を示す．横軸に直交する直線と交わる交点が，それぞれの対応した値となる．電離エネルギーは，原子構造と密接な関係があり，第2章の原子構造で説明する．X線およびγ線は電離放射線であるが，

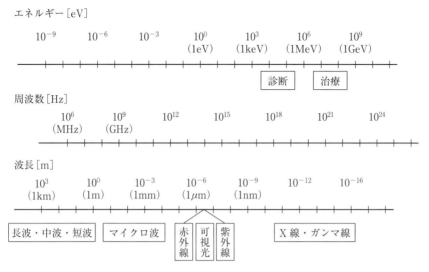

図1.1 光子のエネルギー，振動数および波長

両者の区別はその発生源に由来する．γ線は放射性同位元素，一方X線は電子である．X線には制動X線と特性X線がある．制動X線は阻止X線もしくは**ブレムストラールンク**（bremsstrahlung）とも呼ばれ，電子の加速度運動に伴い発生する．一方，特性X線は軌道電子の遷移に伴い，エネルギーが光子として放出されることによる．

1.3 粒子放射線

1.3.1 粒子放射線の基本的性質

粒子放射線の粒子とは，素粒子そのものやその素粒子の複合体である．粒子放射線は，光速度 c に近いものから静止直前までのさまざまなエネルギーをもつことができる．光の速度に近い粒子の運動は特殊相対性理論で，また光の速度に比べはるかに小さな速度の運動はニュートン力学（古典力学）で記述される．特殊相対性理論では，光速に近い速度 v で運動しているときの質量 m の粒子の相対論的運動量 p は

$$p = m\gamma v = \frac{mv}{\sqrt{1-(v/c)^2}} \tag{1.7}$$

で表される.ここで γ は**ローレンツ因子**(Lorentz factor)と呼ばれ

$$\gamma = \frac{1}{\sqrt{1-(v/c)^2}} \tag{1.8}$$

である.従来,この γ は質量とセットで取り扱われ,質量については「質量は速くなるほど増加する」とされていた.しかし,厳密には質量は座標系に依存しない量として定義されるべきである.現在では,γ は速さとセットとして考えられ,「運動量は速くなるほど増加する」とされている.静止している粒子の全エネルギー(静止エネルギー)E_0 は

$$E_0 = mc^2 \tag{1.9}$$

である.また,光速に近い速度で運動している粒子の全エネルギーは

$$E = \gamma mc^2 \tag{1.10}$$

で記述される.したがって,光速に近い速度で運動している粒子の運動エネルギー T は

$$T = E - E_0 = \gamma mc^2 - mc^2 = \frac{mc^2}{\sqrt{1-(v/c)^2}} - mc^2 \tag{1.11}$$

で表される.粒子の速度が光速に比較して非常に小さいときには,式 (1.11) はテイラー展開(マクローリン展開)で

$$T = \gamma mc^2 - mc^2 = mc^2\left(\frac{1}{2}\left(\frac{v}{c}\right)^2 + \frac{3}{8}\left(\frac{v}{c}\right)^4 + \cdots\right) = \frac{1}{2}mv^2 \tag{1.12}$$

となる.ニュートン力学での運動エネルギーと一致する.つまり,特殊相対性理論は粒子の速度を小さくした極限ではニュートン力学を包括している.

1.3.2 粒子放射線の種類

粒子放射線には,電子線,β 線,陽子線,^{4}He 線,α 線,重粒子線などの荷電粒子線,中性子線および π 中間子線がある.電子線と β 線は同じ電子の流れであるが両者の呼称の区別がある.電子線は加速器からの電子であり,β 線は放射性同位元素の崩壊に伴い放出される電子のことである.同様に ^{4}He 線と α 線との呼称の違いは,加速器からの電子を ^{4}He 線と呼び,**放射性同位元**

素 (radioactive isotope) の崩壊に伴い放出される ^{4}He を α 線と呼ぶ．つまり，加速器で直接加速された元素は，元素に線を付加して呼ばれる．粒子線治療で用いられる ^{12}C も，その呼称例である．中性子線は，荷電をもたないので直接加速器を使って加速できないが，核反応などを使って二次的に作り出すことができる．

1.4 放射線の具体的な種類

「放射線とは，真空空間や物資（媒質）中を伝搬していくエネルギーの流れ」と定義されることはすでに述べたが，放射線の具体的な種類を理解することは重要である．医療利用としての放射線のみならず宇宙放射線などの被曝にも関連するものとして表 1.3 にまとめる．エネルギーの担い手は，光子や素粒子もしくはその結合体である．光子も粒子として表に掲載する．表には放射線（粒子）の名称とその記号を欄 1,2 に示す．粒子が電荷をもつか否かにより放射線の相互作用も異なる．また，質量もエネルギーと等価であることから重要な量である．

原子は物質を構成する単位であるが，原子はさらに原子核と電子により構成されている．このようにこれ以上細かく分けられない粒子に到達する．この粒子のことを素粒子という．このような観点から医療に関連する放射線を分類することもできる．電子などの素粒子は物質を構成する素粒子であるが，力を伝

表1.3　放射線の具体的な種類

粒子	記号	電荷	質量(静止エネルギー)	スピン
電子	e^-	-1	511 keV	1/2
	β^-	-1	511 keV	1/2
陽電子	e^+	$+1$	511 keV	1/2
	β^+	$+1$	511 keV	1/2
陽子	p	$+1$	938.2 MeV	1/2
中性子	n	0	939.6 MeV	1/2
α 粒子	α	$+2$	3727.3 MeV	1/2
光子	X	0	0	1
	γ	0	0	1

える（相互作用）粒子も素粒子である．光子は媒介する相互作用は電磁相互作用で整数スピンをもつボーズ粒子（ボゾン）である．電子はレプトンと呼ばれるグループに属する．**レプトン**には，電荷が−1と電荷が0のグループに細分される．電子（e）や宇宙線にも含まれるミューオン（μ）は電荷が−1の素粒子である．ニュートリノ（中性微子 ν）は電荷が0のグループに属する．陽子および中性子はクォーク（詳細は第2章）と呼ばれる素粒子3個で構成されている．陽子や中性子は放射線として医療に利用されている．クォーク3個で構成されている粒子をバリオンという．バリオン（陽子，中性子）とメソンは**ハドロン**と総称される．前述の力を伝える（相互作用）粒子は中間子（メソン）もハドロンの仲間である．炭素線や陽子線を用いた放射線治療をハドロン治療ともいう．医療でパイ中間子治療に用いられた π^- はハドロンに属する．スピンが半整数の粒子はフェルミ粒子（フェルミオン）という．

================ 演習問題 ================

1.1 電磁放射線はどれか．
1. 炭素線　2. 電子線　3. 陽子線　4. 中性子線　5. 特性X線

1.2 電離放射線のうち直接電離放射線はどれか．
1. α 線　2. β 線　3. γ 線　4. X線　5. 中性子線

1.3 10 MeV の電磁波の波長 [m] に近いのはどれか．ただし，1 MeV=1.6×10^{-13} J, プランク定数 $h=6.6\times10^{-34}$ J·s, 真空中の光速度 $c=3.0\times10^8$ m·s^{-1} とする．
1. 1.2×10^{-13}　2. 1.2×10^{-12}　3. 1.2×10^{-11}
4. 1.2×10^{-10}　5. 1.2×10^{-9}

1.4 光子エネルギーが最も小さいのはどれか．
1. 可視光線　2. 遠赤外線　3. 治療用X線　4. 診断用X線
5. マイクロ波

2 原子と原子核

2.1 原　　子

　物質の最小単位は**原子**（atom）である．原子は中心を正の**電荷**（charge）をもつ**原子核**（nucleus）とその周りを回る負の電荷をもつ**電子**（electron）から構成されている．物質の最小単位が何であるかの探求は，古代から続いていた．19世紀の終わりには負の電荷をもつ電子の存在は知られており，確実視されていた．物質は全体として中性であるので，負電荷の電子が存在するのであれば，正電荷をもつ何かが物質中に存在しなければならない．

2.1.1 構　　造

　トムソン（J. J. Thomson, 1903）は原子が正電荷と質量が一様に分布した球であり，負電荷の電子もその中に一様に分布しているという，無核原子模型を提唱した．これに対し，ラザフォード（Rutherford, 1911）は原子はその中心に正電荷をもつ原子核とその周りを負電荷の電子が回っているという，有核原子模型を提唱した．これより少し以前に，長岡半太郎（1903）は原子の半径は10^{-10} m であり，その中心に半径が $10^{-15} \sim 10^{-14}$ m の原子核があるとする**原子模型**（atom model）を提唱していた．

　ラザフォードの有核原子模型は実験結果をうまく説明できるモデルであったが，大きな問題があった．それは，負の電荷をもつ電子が軌道を描きながら運動をしていると，古典電磁気学によれば，電子は**電磁波**（electromagnetic waves）を放出する．すると，電子は電磁波の放出によってエネルギーを失い，軌道半径を縮め，最終的には中心の原子核にぶつかる．また軌道半径は連続的に小さくなるので，放出される電磁波は連続スペクトルである，というものである．実際には電子は原子核と自然にぶつかることはないし，原子から放出される電磁波は次に述べるように線スペクトルである．

(1) 原子スペクトル

原子構造を決定するには，原子から放射されるスペクトルを利用するのが適当である．そこで，原子発光スペクトルの研究が行われてきた．ところで自然界の発光スペクトルは，線スペクトルあるいは連続スペクトルである．

バルマー（Balmer, 1885）は水素原子スペクトルの観測を行い，その可視部の線スペクトルの波長 λ に対する式として

$$\lambda = \{n^2/(n^2-4)\}C, \quad (n=3, 4, 5, 6, \quad C=3645.6 \text{ Å})$$

を得た．さらに，リュードベリはバルマーの式を一般化して

$$1/\lambda = R\{(1/n_1^2)-(1/n_2^2)\}, \quad (n_1=1, 2, 3, \cdots, n_2=n_1+1, n_1+2, \cdots)$$

を導出した．ここで R は**リュードベリ定数**（Rydberg constant）で，$R=1.0973731568549\times 10^7 \text{ m}^{-1}$ である．スペクトル線にはそれぞれに名前があり

ライマン系列（紫外部）：	$n_1=1, \quad n_2=2, 3, 4, \cdots$
バルマー系列（可視部）：	$n_1=2, \quad n_2=3, 4, 5, \cdots$
パッセン系列（赤外部）：	$n_1=3, \quad n_2=4, 5, 6, \cdots$
ブラケット系列（遠赤外部）：	$n_1=4, \quad n_2=5, 6, 7, \cdots$
プント系列（遠赤外）：	$n_1=5, \quad n_2=6, 7, 8, \cdots$

と呼ばれている．

リッツ（Ritz, 1908）は水素原子以外の元素にも同様の法則を見出し，それを

$$1/\lambda = T(n_1) - T(n_2)$$

と表した．これを**リッツの結合原理**という．

2.1.2 ボーアの原子模型

ボーア（Bohr, 1913）はラザフォードの原子模型の問題を解決するために，以下の3つの仮説（**ボーアの仮説**）を立てた．

仮説1　（**量子化条件**：quantization conditions）　原子核の周りを回る電子

はその運動量 L が次の式を満たすときのみ安定に存在し，その状態を定常状態と呼ぶ．

$$L = mvr = n(h/2\pi), \quad (n = 1, 2, 3, \cdots) \quad (h：プランク定数)$$

つまり，原子はとびとびのエネルギー $E_1, E_2, \cdots, E_n$ だけをとることが許される．また，$E_1, E_2, \cdots, E_n$ を原子のエネルギー準位と呼ぶ．

仮説 2（**振動数条件**：frequency conditions） 原子が 1 つの定常状態から他の定常状態へ移るときのみ，光の放出や吸収が起こり，その振動数 ν は次式に従う．

$$h\nu = |W_{n'} - W_n|$$

仮説 3 定常状態では，電子は通常の力学の法則に従う．

これらの仮説をもとに水素原子に対して計算をすると，その結果は水素原子スペクトルを見事に説明した．

ボーアの仮説を水素原子すなわち，原子核の周りを 1 個の電子が回っている原子に対して応用してみよう．

原子核の電荷を e，質量を M とし，電子の電荷を $-e$，質量を m とする．電子は原子核の周りを円運動していると考えてよい．仮説 3 により電子の運動は古典力学に従うので，電子に働く遠心力と向心力（**クーロン力**：Coulomb force）はつり合う．すなわち

電子の遠心力 ＝ 電子に働く向心力（クーロン力）

$$mv^2/r = ke^2/r^2, \quad (k = 9.0 \times 10^9 \, \text{Nm}^2/\text{C}^2) \tag{2.1}$$

ここで，v は電子の速度，r は原子の半径である．また，仮説 1（ボーアの量子条件）より

$$mvr = nh/2\pi, \quad v = (n/mr)(h/2\pi) \tag{2.2}$$

式（2.2）を式（2.1）に代入し，r を求めると

$$r_n = \{h^2/(4\pi^2 kme^2)\} n^2 \tag{2.3}$$

となる．r は n の値で変わるので，r_n と書き直した．ここで，$n = 1$ のときの状態を基底状態といい，この状態の半径 r_1 を**ボーア半径**（Bohr radius）という．いま，$m = 9.11 \times 10^{-31}$ kg，$e = 1.60 \times 10^{-19}$ C，$h = 6.626 \times 10^{-34}$ Js であるから，これらを式（2.3）に代入すると，ボーア半径は次式で表される．

$$r_1 = 0.528 \times 10^{-10} \, \text{m} \fallingdotseq 0.5 \, \text{Å}$$

次に軌道電子の全エネルギーを求める．軌道電子の全エネルギーを W，運動エネルギーを K，静電気力による位置エネルギーを U とすると

$$W = K + U$$

ここで

$$K = (1/2)mv^2 = (1/2)ke^2/r_n, \quad (\text{式 }(2.1)\text{ より } v = (ke^2/mr)^{1/2})$$

$$U = -ke^2/r_n$$

であるから

$$W = K + U = (1/2)ke^2/r_n - ke^2/r_n = -(1/2)ke^2/r_n$$

式 (2.3) ($r_n = \{h^2/(4\pi^2 kme^2)\}n^2$) を代入し，$W$ を W_n と書き換えると

$$W_n = -\{(2\pi^2 k^2 me^4)/h^2\}(1/n^2) = -21.7 \times 10^{-19} \cdot (1/n^2)[\text{J}] = -13.6 \cdot (1/n^2)[\text{eV}]$$

となる．ここで，$n=1$ のときの軌道電子の全エネルギー W_1 は，水素原子から電子を1個取り去り，水素イオンにするために必要なエネルギーであり，これをイオン化エネルギーという．すなわち，水素のイオン化エネルギーは 13.6 eV である．

以上，ボーアの理論による，水素原子における軌道電子の**エネルギー準位**(energy level) および，原子半径はそれぞれ

- 軌道電子のエネルギー準位

$$W_n = -\{(2\pi^2 k^2 me^4)/h^2\}(1/n^2) = -13.6 \cdot (1/n^2) \quad [\text{eV}]$$

$n=1$ のとき，W_1 は

$$W_1 = -13.6 \text{ eV} \quad (\text{イオン化エネルギー})$$

- 原子半径

$$r_n = \{h^2/(4\pi^2 kme^2)\}n^2 = 0.528 \times 10^{-10} \cdot n^2 \quad [\text{m}]$$

$n=1$ のとき，r_1 は

$$r_1 = 0.528 \times 10^{-10} \text{ m} \quad (\text{ボーア半径})$$

である．

2.1.3 量子数と電子軌道

ボーアの理論によって水素原子の構造を見事に説明することができたが，それ以外の原子に対してはうまく説明できなかった．これは後に，ゾンマーフェルド (Sommerfeld) によってほぼ解決された．ここまでの理論体系を**前期量**

子論という．そして，前期量子論はその後シュレディンガー（Schrödinger）らにより量子力学として理論が完成された．この量子力学により原子構造が見事に説明できた．

量子力学（quantum mechanics）によると，原子における軌道電子の状態は4つの**量子数**（quantum number），すなわち，主量子数 n，方位量子数 l，磁気量子数 m_l，スピン量子数 m_s で表される．また，それらの量子数は

主量子数 　　　$n : 1, 2, 3, \cdots$

方位量子数 　　$l : 0, 1, 2, \cdots, n-1$

磁気量子数 　　$m_l : -l, -(l-1), \cdots, -2, -1, 0, 1, 2, \cdots, l-1, l$

スピン量子数 　$m_s : -1/2, +1/2$

の値をとる．

主量子数が1，すなわち $n=1$ の電子軌道をK殻，主量子数が2（$n=2$）の電子軌道（electron orbit）をL殻，以降，M殻（$n=3$），N殻（$n=4$），O殻（$n=5$）と呼ぶ．これらの軌道を主殻という．また，分光学的に方位量子数 l が1（$l=0$）の電子軌道をs軌道，$l=1$ の軌道をp軌道，$l=2$ をd軌道，$l=3$ をf軌道と呼び，$l=4$ 以降はアルファベット順に呼ぶ．なお，これらの軌道を副殻という．1つの副殻に対して，電子が存在できる状態数は $2l+1$ 個である．これらの関係を表2.1にまとめてある．

パウリの原理と選択則：

パウリ（Pauli, 1925）によると，1つの状態には1つの電子しか存在できない．これをパウリの原理（**排他原理**：exclusion principle）という．よって，パウリの原理から同一エネルギー準位（主量子数）に存在できる電子数は

$$2 \times \sum_{l=0}^{n-1}(2l+1) = 2n^2$$

となる．具体的には

主量子数（n）	殻	電子数（$2n^2$）
1	K殻	$2 \times 1^2 = 2$
2	L殻	$2 \times 2^2 = 8$
3	M殻	$2 \times 3^2 = 18$
4	N殻	$2 \times 4^2 = 32$
5	O殻	$2 \times 5^2 = 50$
⋯	⋯	⋯

となる.

表 2.1 軌道電子の状態

主量子数	X線記号 (主殻)	方位量子数	分光学記号 (副殻)	磁気量子数	スピン 量子数	最大電子数	
n		l		m	m_s	$2l+1$	$2n^2$
1	K	0	1s	0	$\pm 1/2$	2	2
2	L	0	2s	0	$\pm 1/2$	2	8
		1	2p	-1	$\pm 1/2$	6	
				0	$\pm 1/2$		
				1	$\pm 1/2$		
3	M	0	3s	0	$\pm 1/2$	2	18
		1	3p	-1	$\pm 1/2$	6	
				0	$\pm 1/2$		
				1	$\pm 1/2$		
		2	3d	-2	$\pm 1/2$	10	
				-1	$\pm 1/2$		
				0	$\pm 1/2$		
				1	$\pm 1/2$		
				2	$\pm 1/2$		
4	N	0	4s	0	$\pm 1/2$	2	32
		1	4p	-1	$\pm 1/2$	6	
				0	$\pm 1/2$		
				1	$\pm 1/2$		
		2	4d	-2	$\pm 1/2$	10	
				-1	$\pm 1/2$		
				0	$\pm 1/2$		
				1	$\pm 1/2$		
				2	$\pm 1/2$		
		3	4f	-3	$\pm 1/2$	14	
				-2	$\pm 1/2$		
				-1	$\pm 1/2$		
				0	$\pm 1/2$		
				1	$\pm 1/2$		
				2	$\pm 1/2$		
				3	$\pm 1/2$		

2.2 原子核

原子核の物理的性質は，核の放射性崩壊，核分裂，核反応，核破砕，核磁気共鳴などを理解するうえにおいて重要となる．ここでは，原子核の構造や核力とポテンシャルおよび核スピンと磁気モーメントについて述べる．

2.2.1 構造（素粒子）と種類（同位体，同重体，同中性子体）

Chadwickにより**中性子**（neutron）が発見されると，原子核（または単に核）は**陽子**（proton）と中性子から成る原子核モデル――$^1_1$Hの原子核は1個の陽子のみから成る――がHeisenbergにより提唱された．また，原子核を構成する陽子と中性子を総称して**核子**（nucleon）と呼ぶ．

したがって，原子番号Z（陽子数），中性子数Nにより原子核を指定することができ，それぞれの原子核のことを**核種**（nuclide）と呼ぶ．

現在，安定な核種は約300種類が存在し，不安定な核種は約2000個見つかっているが，約6000種類存在すると考えられている[5]．

原子核は原子番号，中性子数，**質量数**（mass number）A（$A=Z+N$）などの違いにより以下のように分類される．

① **同位体**（isotope）：原子番号が等しく質量数が異なる元素
   たとえば，$^{20}_{10}$Neと$^{21}_{10}$Ne
② **同重体**（isobar）：質量数が等しい元素
   たとえば，$^3_1$Hと$^3_2$He
③ **同中性子体**（isotone）：中性子数が等しい元素
   たとえば，$^{15}_{7}$Nと$^{16}_{8}$O
④ **核異性体**（isomer）：原子番号と質量数ともに等しい核においてそのエネルギー準位が異なり，測定可能な半減期を有する元素
   たとえば，^{99m}Tcと^{99}Tc（エネルギーの高い方にm（metastable；準安定）を付けて表す）

原子核の大きさは，原子の大きさの10^{-4}〜10^{-5}倍程度で非常に小さい．このように非常に小さい領域に核子が閉じ込められているということは，核子間

表 2.2　クォークの種類

電荷 [e]	名　称		
2/3	u（アップ）	c（チャーム）	t（トップ）
−1/3	d（ダウン）	s（ストレンジ）	b（ボトム）

注）6種類のクォークにはそれぞれ反粒子（反クォーク）と3種類の色（赤・青・緑）の自由度がある．

表 2.3　代表的な複合粒子とその構成

粒子	電荷 [e]	構成	スピン量子数
陽子	1	uud	1/2
中性子	0	udd	1/2
π^+ 中間子	1	$u\bar{d}$	0
π^- 中間子	−1	$\bar{u}d$	0
π^0 中間子	0	$(u\bar{u}-d\bar{d})/\sqrt{2}$	0

には強い引力が作用しており，その及ぶ範囲が非常に短い（原子核のスケール程度）ことを意味している（ただし，より近距離では逆に斥力が働くと考えられている）．この力は**強い相互作用**と呼ばれ，電荷の有無に関係なく（p·p），(p·n), (n·n) 間で同様に作用する性質（**荷電独立性**）がある．湯川博士は，この力を中間子のキャッチボールで生じる交換力として説明できることを理論的に示し，その後，理論どおりに π 中間子が発見されている．たとえば陽子と中性子間の交換力は，以下のような $\pi^\pm$ の交換として考えることができる．

$$p \longleftrightarrow n+\pi^+ \qquad (2.4)$$

$$n \longleftrightarrow p+\pi^- \qquad (2.5)$$

現在では，陽子，中性子，中間子などはクォークと呼ばれる基本粒子から構成される複合粒子と考えられており，核力はクォークとグルーオン（クォーク間で交換される粒子）に基づく理論（量子色力学）により説明できることがわかっている．ここで，クォークの一覧を表 2.2 に，代表的な複合粒子とその構成を表 2.3 に示す．たとえば，陽子，中性子，π^- 中間子を模式図的に表すと図 2.1 のようになる．

ところで，非常に小さい原子核はどのような形状をしているのであろうか．原子核は球形に近い形状をしており，原子核の質量数を A とおくと，その半

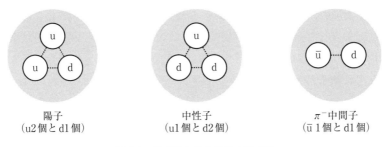

図 2.1 代表的な複合粒子の模式図

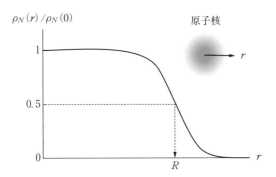

図 2.2 球形核における動径方向 (r) の核子の分布

径 R は $A^{1/3}$ に比例することがわかっている．したがって，比例定数を r_N とおくと，半径 R は以下のように近似できる[6]．

$$R \cong r_N \times A^{1/3} 10^{-15} \text{ m} = r_N \times A^{1/3} \quad [\text{fm}] \tag{2.6}$$

ただし，r_N は測定方法により異なり，$r_N = (1.1 \sim 1.3) \times 10^{-15}$ m $= (1.1 \sim 1.3)$ fm （10^{-15} m $=1$ fm（フェルミ））である．また，核子の分布にははっきりとした境界があるわけではなく，図 2.2 に示すように，あくまでも核子分布の広がりの目安を表すパラメータとして R を見なすべきものである．球形核を仮定すると半径 R の球の体積 V が $\dfrac{4\pi R^3}{3}$ であるから，核子数密度 ρ_N は

$$\rho_N = \frac{A}{V} = \frac{3}{4\pi} r_N^{-3} \tag{2.7}$$

となり，質量数によらず一定となる．これは単位体積当たりの質量数が一定であることを表している．質量数 A は原子核の核子数に等しいことから原子核の体積当たりの核子数が一定（核子密度の飽和性），つまり質量数が大きくなるとともに核子が等間隔に詰まっていくことを示している．$r_N=1.1\,\mathrm{fm}$ とすると

$$\rho_N \approx 0.18 \quad [\text{個}/\mathrm{fm}^3] \qquad (2.8)$$

となる．また，核子の質量を $1.67\times 10^{-27}\,\mathrm{kg}$ として核の密度 ρ を計算すると

$$\rho \approx 3.0\times 10^{17} \quad [\mathrm{kg/m^3}] \qquad (2.9)$$

となり桁外れに大きい．

2.2.2 統一原子質量単位

質量の単位には，通常 SI 単位系である kg が用いられるが，原子，イオン，分子の質量を表すときには，統一原子質量単位 u (unified atomic mass unit) がよく用いられる．これは基底状態における中性炭素原子 $^{12}_{6}\mathrm{C}$ の質量の 12 分の 1 の質量と定義され，kg 単位との換算は以下で与えられる．

$$1\,\mathrm{u} = 1.66053\times 10^{-27}\,\mathrm{kg} \qquad (2.10)$$

したがって，質量とエネルギーの等価性から，1 u に相当するエネルギーは 931.5016 MeV となる．

2.2.3 質量欠損と結合エネルギー

原子核の質量とその核子を引き離した状態の質量とを比べると後者の方が重い（図 2.3）．このような質量差を**質量欠損**と呼ぶ．原子核の核子間には強い引力が作用しているため，それをバラバラの状態にするためには結合エネルギーに相当するエネルギーが必要になることを意味している．特殊相対性理論におけるエネルギー E と質量 m の等価性，いわゆる，$E=mc^2$（c は光速）から質量欠損を Δm とおくと，結合エネルギーは Δmc^2 に等しいことになる．

例題として，$^{12}_{6}\mathrm{C}$ の質量欠損を計算してみよう．中性の $^{12}_{6}\mathrm{C}$ は，各 6 個の陽子，中性子，電子から成る．それぞれの質量は統一原子質量単位で $m_\mathrm{p}=1.0073\,\mathrm{u}$，$m_\mathrm{n}=1.0087\,\mathrm{u}$，$m_\mathrm{e}=0.0005\,\mathrm{u}$ であるから，原子核と軌道電子の結

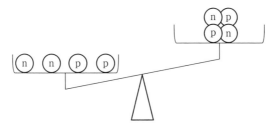

図 2.3 質量欠損の模式図
原子核（天秤皿の右側）とそれをバラバラした状態（天秤皿の左側）
では，質量欠損に相当する分だけバラバラにした方が重い．

合エネルギーも含めた原子の質量欠損 Δm は

$$\Delta m = 6 \times (1.0073 + 1.0087 + 0.0005) - 12 = 0.099 \text{ u} \tag{2.11}$$

となる．また，Δm に相当するエネルギーは，1 u に等価なエネルギーが 931.5 MeV であるから

$$\Delta mc^2 = 0.099 \text{ [u]} \times 931.5 \text{ [MeV/u]} = 92.2 \text{ MeV} \tag{2.12}$$

となる．

質量数と核子当たりの平均の結合エネルギーの関係を図 2.4 に示す．平均の結合エネルギーは ^{56}Fe 付近で最大で約 8.8 MeV である．つまり，核子同士が最も強く結合しているこの付近の原子核が最も安定ということを示している．このような原子核の結合エネルギーは**核融合**や**核分裂**により取り出すことができる．前者では水素などの軽い元素同士の融合，いわゆる核融合反応でより安定な重い元素になることでエネルギーが解放される．一方，後者では ^{235}U のような重い元素が核分裂でより安定な軽い元素になることによりエネルギーが解放される．

原子核の結合エネルギーに寄与する物理的な効果として，体積エネルギー（結合エネルギーの飽和性に対応するエネルギー），表面エネルギー（表面張力に対応するエネルギー），クーロンエネルギー（陽子間に働くクーロン斥力に対応する静電エネルギー）があり，これらは原子核を液滴のようにみなす**液滴模型**で理解できるものである．これらの他に，対称エネルギー（原子番号が大きくなるに従い陽子よりも中性子で原子核を構成する方がより安定となること

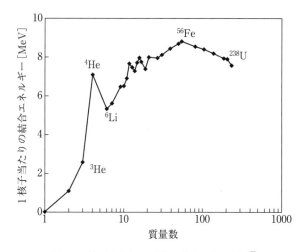

図 2.4 核子当たりの平均の結合エネルギー[7]

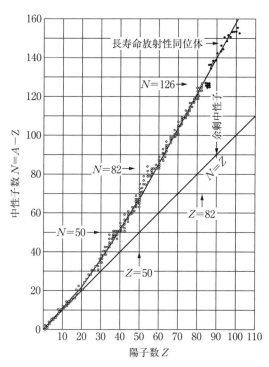

図 2.5 安定な原子核の分布[7]

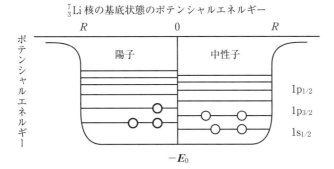

図 2.6　核力ポテンシャルと核子軌道の模式図[8]

に相当するエネルギー），対エネルギー（陽子数または中性子数の偶奇性で生じる異なる安定性に相当するエネルギー）が知られている．図 2.5 に安定な原子核の分布[7]を示す．

陽子間にはクーロン力（斥力）が働くため，高原子番号の原子核では陽子数より中性子数が多いときに安定となる．このとき中性子数と陽子数の差 $(N-Z)$ を**中性子過剰数**と呼ぶ．さらに，陽子数や中性子数が**魔法数**（magic number；$2, 8, 20, \cdots$）と呼ばれる個数のときに原子核が特に安定となることが知られており，ちょうど，原子の電子軌道が閉殻となる不活性ガス（He, Ne, Ar,$\cdots$）に相当する．図 2.2 は暗に，原子核は概ね井戸型のようなポテンシャル（ただし，陽子間にはさらにクーロンポテンシャルが加わる）になっていることを意味しており，図 2.6 に示すような殻構造（**殻模型**）から原子の場合と同様に原子核にも周期律が成り立つことを理解することができる[8]．実際，核子間に作用する平均化されたポテンシャルを仮定し，さらにスピン軌道相互作用を導入することにより見事に魔法数を再現できる．詳細については専門書を参照されたい．

2.2.4　核のスピンと磁気モーメント

核子は原子核内で運動しており，その結果，軌道角運動量が生じている．また核子である陽子と中性子はともに固有の角運動量（スピン角運動量または単にスピン）をもっている．量子力学によれば，角運動量などの物理量は演算子

として表される(ここでは物理量 A に対応する演算子を $\hat{A}$ で表すことにする). したがって,軌道角運動量演算子とスピン演算子をそれぞれ $\hat{L}$, $\hat{S}$ とすると,原子核の全角運動量演算子 $\hat{J}$ は 2 つの和に等しい[5].

$$\hat{J} = \hat{L} + \hat{S} \tag{2.13}$$

そこで,核を 1 個の粒子と見なし,全角運動量の総和をその核子のスピン角運動量と考え,これを核のスピン角運動量(または単に核スピン)と呼ぶ. したがって,スピン演算子 $\hat{I}$(無次元)を次式で定義する.

$$\hat{J} = \hbar \hat{I} \tag{2.14}$$

このとき, $\hat{I}_z$ の固有値 m は整数または半整数であり,その最大値(核スピン量子数)を I とおくと,その取り得る値は方向量子化により

$$m = I, I-1, I-2, \cdots, -I \tag{2.15}$$

となり, $2I+1$ 個の値を取り得ることができ,また $\hat{I}^2$ の固有値は $I(I+1)$ となることが示される[9]. よって,この核スピン量子数を用いると $\hat{J}$ の大きさ J (固有値)は次式で与えられる.

$$J = \sqrt{I(I+1)}\,\hbar \tag{2.16}$$

原子核は核子の多粒子系であるが,そのような系では核子が対になって互いの角運動量を打ち消し合うことにより, J をより小さくする傾向がある. 特に陽子数と中性子数の両方が偶数である場合は完全に打ち消し合うため,核が基底状態であれば $I=0$ となる. また, I の値が半整数か整数かによって,その核の従う量子統計は異なり,半整数のときには Fermi(フェルミ)**統計**,整数のときには Bose(ボーズ)**統計**となる[5].

したがって,陽子数と中性子数の偶奇性により原子核の統計性が異なるため,核スピンは以下のように 3 つに分類される.

① 陽子数および中性子数がともに偶数となる核($I=0$)
  $^4_2$He, $^{12}_6$C, $^{16}_8$O など

② 陽子数または中性子数の一方が奇数となる核($I=$ 半整数)
  $^3_2$He ($I=1/2$), $^7_4$Be ($I=3/2$) など

③ 陽子数および中性子数がともに奇数となる核($I=$ 整数)
  $^2_1$H ($I=1$), $^{14}_7$N ($I=1$) など

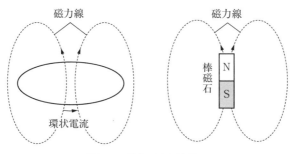

図 2.7　環状電流と棒磁石

　陽子や中性子は棒磁石としての性質（**磁気モーメント**）をもっており，その結果，$I \neq 0$ 原子核も核スピンに応じて磁気モーメントを有している．荷電粒子が円環状に運動すると閉電流（環状電流）が生じることになるから磁気モーメントが生成される．原子核の回りを運動する軌道電子がその例である．したがって，円環電流は磁石（棒磁石）の性質を示す（図 2.7）．

　ここで，古典論的な取り扱いに基づいて磁気モーメントについて触れておこう．棒磁石を一様な静磁場 H の中におくと偶力が生じる．磁気の場合，電気における電荷とは異なり，単磁荷（正の磁化（N極），負の磁化（S極））は存在しない．しかし，図 2.8 に示すように棒磁石を $+q_m$ と $-q_m$ の磁荷の磁気双極子（2つの点磁荷の距離を d とする）と考えると，棒磁石に生じる偶力を容易に理解することができる．この正負の磁荷（**磁気双極子**）が静磁場から受ける力（双極子の中心に関する偶力）のモーメント N を求めてみよう．$\pm q_m$ の磁荷は $\pm \boldsymbol{F} = \pm q_m \boldsymbol{H}$ の力を受けるから

$$N = \frac{1}{2}\boldsymbol{d} \times \boldsymbol{F} + \left(-\frac{1}{2}\boldsymbol{d}\right) \times (-\boldsymbol{F}) = q_m \boldsymbol{d} \times \boldsymbol{H} \tag{2.17}$$

となる．ここで × はベクトル積（外積）を表す．そこで，磁気モーメント $\boldsymbol{p}_m$ を

$$\boldsymbol{p}_m \equiv q_m \boldsymbol{d} \tag{2.18}$$

で定義すると，力のモーメント N は以下のようになる．

$$N = \boldsymbol{p}_m \times \boldsymbol{H} \tag{2.19}$$

つまり，力のモーメントは $\boldsymbol{p}_m$ の向きを磁場の向きに一致（図 2.8 の場合では

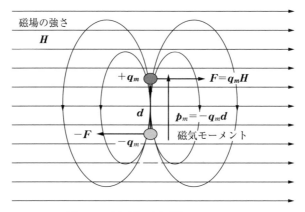

図 2.8 磁気双極子と磁気モーメント

時計回りに回転）させるように作用する．p_m は電気双極子モーメントの対応から**磁気双極子モーメント**と呼ばれる．このとき，**磁気モーメント** μ は真空の透磁率 μ_0 を用いて次式で表される．

$$\mu = \frac{p_m}{\mu_0} \tag{2.20}$$

具体的に，原子核の回りを円運動する軌道電子（質量 m）を考える（図 2.9）．このとき，閉電流 $I = ev/(2\pi r)$（核スピン量子数と同じ記号であるが習慣上，閉電流も I で表す），軌道角運動量 $L = r \times (mv)$ となることを考慮すると，p_m は以下のようになる．

$$p_m = \mu_0 \frac{-e}{2m} L \tag{2.21}$$

したがって，磁気モーメント μ は式 (2.20) と (2.21) から

$$\mu = \frac{-e}{2m} L \tag{2.22}$$

となり，磁気モーメントは角運動量に比例することになる．

スピンに対応する古典的な自由度はないが，コマの自転のように捉えれば，スピン角運動量も角運動量であるから，スピン角運動量によって磁気モーメントが生じると考えることができる（図 2.10）．したがって，$I \neq 0$ であれば原

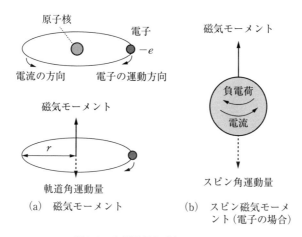

(a) 磁気モーメント　　(b) スピン磁気モーメント（電子の場合）

図 2.9　角運動量と磁気モーメント

子核が核スピン J に比例する磁気モーメント μ を有することになる（図2.11）．よって，その比例定数（**核磁気回転比**と呼ばれる原子核に固有の値で，^{1}H では 42.58 MHz/T となる）を γ とおくと，μ は以下のように表される．

$$\mu = \gamma J = \gamma \hbar I \tag{2.23}$$

逆に，$I=0$（陽子数および中性子数がともに偶数）となる核では $\mu=0$ となり核磁気共鳴が起こらないことになる．核磁気共鳴の詳細については第 6 章「核磁気共鳴」を参照されたい．

陽子は電荷 $+e$ でスピン 1/2 の粒子であるから，スピンの自由度に対応して磁気モーメントを有する，つまり棒磁石として振る舞うが，スピン 1/2 の粒子である中性子は電荷がゼロであるにも関わらず磁気モーメントを有している．先に中性子は電荷を有するクォークの複合粒子であることを指摘したが，一見，電気的に中性に見えていてその中ではスピンと電荷の自由度をもったクォークが運動している．その結果，陽子とは向きと大きさの異なる磁気モーメントが生じていると考えられている．クォーク模型に基づくと，陽子と中性子の磁気モーメントをそれぞれ μ_p，μ_n とすると

$$\frac{\mu_n}{\mu_p} = -\frac{2}{3} \tag{2.24}$$

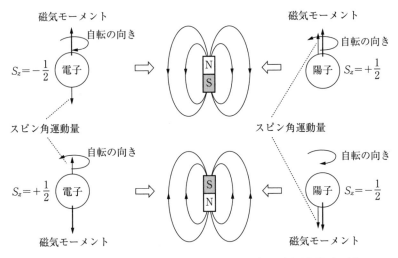

図 2.10 スピン角運動量と磁気モーメントの概念図（電子と陽子の例）

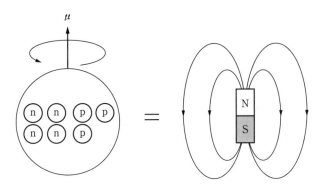

図 2.11 核スピンに起因する磁気モーメント

となり，以下の実験値に近い結果を与える．

$$\frac{\mu_n}{\mu_p} \approx -0.685 \qquad (2.25)$$

演習問題

2.1 基底状態にある $_{10}$Ne の 2p 軌道に配置される電子数はどれか.
1. 2   2. 4   3. 6   4. 8   5. 10

2.2 L 殻に存在できる軌道電子の最大数はどれか.
1. 2   2. 4   3. 6   4. 8   5. 18

2.3 量子数の正しい組合せはどれか. 2つ選べ.

	主量子数	方位量子数	磁気量子数
1.	2	0	−1
2.	2	1	−1
3.	3	0	1
4.	3	1	−2
5.	3	2	+2

2.4 主量子数3, 方位量子数2のエネルギー準位に存在できる軌道電子の最大数はいくらか.
1. 2   2. 3   3. 5   4. 10   5. 18

2.5 原子核で正しいのはどれか. 2つ選べ.
1. 電子はクォークから構成される.
2. 核子間には強い相互作用がはたらく.
3. 核力には荷電独立性は成り立たない.
4. 質量数は陽子数と中性子数の和である.
5. すべての原子核は陽子と中性子からなる.

2.6 原子核で正しいのはどれか.
1. 原子核の体積は質量数に比例する.
2. 核力は陽子と中性子間には生じない.
3. 魔法数のときに原子核は不安定となる.
4. 同位体は核子の数が等しい核種である.
5. 原子番号が大きいほど質量欠損は大きくなる.

2.7 $^4_2$He の質量欠損に等価なエネルギー [MeV] はどれか．

ただし，等価なエネルギーを 931.50 MeV，陽子，中性子，電子，中性の $^4_2$He の質量をそれぞれ 1.0073 u，1.0087 u，0.0005 u，4.0026 u とする．

1. 2.20　2. 7.72　3. 8.26　4. 17.6　5. 28.3

2.8 核スピンについて誤っているのはどれか．
1. 核スピンの値は離散的である．
2. 量子統計は核スピンに関係する．
3. 核磁気回転比は原子核に固有の値である．
4. 陽子と中性子の磁気モーメントは異なる．
5. 質量数が偶数の原子核の核スピンはゼロである．

2.9 核スピン量子数が 1/2 となるのはどれか．
1. $^2_1$H　2. $^3_2$He　3. $^4_2$He　4. $^7_4$Be　5. $^{12}_6$C

〈参考文献〉

1) 小出昭一郎：物理学（三訂版），裳華房，1997
2) 西臺武弘：放射線医学物理学 第3版増補，文光堂，2011
3) 田代勝義：放射線物理学，（遠藤真広・西臺武弘 共編），オーム社，2006
4) 菊池健：原子物理学 増補版，共立出版，1979
5) 八木浩輔：原子核物理学 第1版，pp. 1-34，朝倉書店，1995
6) 鷲見義雄：原子核物理入門 第1版，pp. 21-42，裳華房，1997
7) 真田順平：原子核・放射線の基礎，pp. 23-26，共立出版，1994
8) 内田勲，倉本秋夫：現代物理学をベースにした放射線物理学 第3版，pp. 43-50，共立出版，2017
9) 北丸竜三：核磁気共鳴の基礎と原理 第1版，pp. 22-32，共立出版，1987

3 放射線の発生

3.1 壊 変

 原子核には安定 (stable) なものと不安定 (unstable) なものがある．**壊変** (decay) は不安定な原子核が別の種類の原子核に変化する現象である．このとき，放射線が放出されるので**放射性壊変** (radioactive decay) ともいう．放射性壊変を起こす核種が**放射性核種** (radionuclide) であり，壊変前の原子核を**親核** (parent nucleus)，壊変で生じた原子核を**娘核** (daughter nucleus) と呼ぶ．図3.1には安定核種と不安定核種の分布を**原子核チャート** (chart of nuclides) として示す．これまでに存在が確認された原子核はおよそ3千種類あるが，その9割は不安定な原子核である．

3.1.1 法 則

 壊変は確率的な現象であり，一つひとつの原子核がいつ壊変するかを予想することはできない．しかし，図3.2に示すように，多数の原子核を観測すると時間が経過するに従いある一定の割合で壊変が起こる．このとき，単位時間当たりの壊変数は親核の原子核数 $N(t)$ に比例するため式 (3.1) が成り立つ．

$$-\frac{d}{dt}N(t) = \lambda N(t) \tag{3.1}$$

これが**壊変の法則** (disintegration law) であり，比例定数 λ を**壊変定数** (decay constant) と呼ぶ．壊変定数は，1つの親核が単位時間当たりに壊変する

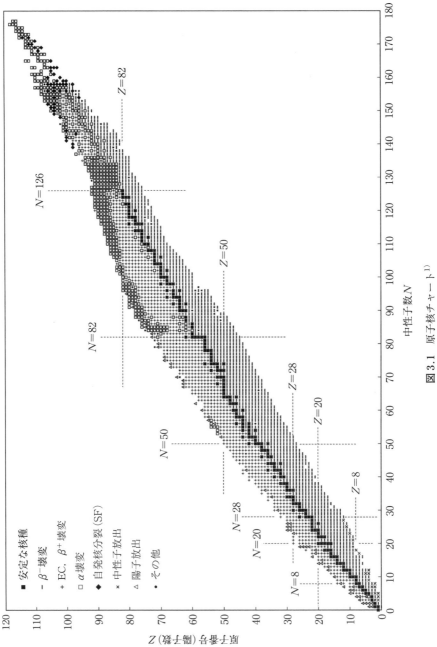

図 3.1 原子核チャート[1]

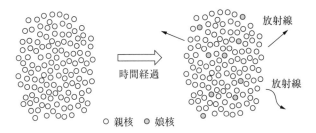

図 3.2 原子核の集団において壊変が起こる様子

確率を表している．この微分方程式の解として式（3.2）が得られる．

$$N(t) = N_0 e^{-\lambda t} \tag{3.2}$$

ここで，N_0 は時間 $t=0$ における親核の原子核数である．このように，親核の原子核数は時間経過とともに指数関数的に減衰する．

3.1.2 放射能

単位時間当たりに壊変する原子核数を表す物理量が**放射能**（radioactivity あるいは単に activity）である．単位には Bq（ベクレル）が用いられ，その次元は s^{-1} に等しい．ここで，時間 t における放射能を $A(t)$ とすれば放射能の定義は式（3.3）で与えられる．

$$A(t) = -\frac{d}{dt}N(t) \tag{3.3}$$

式（3.3）と式（3.1）を組み合わせると，放射能と原子核数の間の関係式（3.4）が得られる．

$$A(t) = \lambda N(t) \tag{3.4}$$

このように，放射能は親核の原子核数に比例し，壊変定数は原子核1個当たりの放射能に等しい．よって，放射能 $A(t)$ も親核の原子核数と同様に指数関数的に減衰する．

$$A(t) = A_0 e^{-\lambda t} \tag{3.5}$$

ここで，A_0 は時間 $t=0$ における親核の放射能である．なお，指数関数部分は式（3.6）で置き換えることができる．

$$e^{-\lambda t} = \left(\frac{1}{2}\right)^{\frac{t}{T}} \tag{3.6}$$

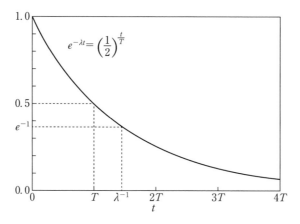

図 3.3 指数関数の時間変化. ここで, t は時間, λ は壊変定数, T は半減期である.

ここで, T は**半減期**（half life），すなわち放射能および親核の原子核数が半分になるまでの時間である（図 3.3）. 両辺の自然対数をとると式 (3.7) が得られる.

$$\lambda T = \ln 2 \approx 0.6931 \tag{3.7}$$

指数関数因子 $e^{-\lambda t}$ は 1 つの親核が時間 t の間に壊変せずに残っている確率を表している. よって, 壊変するまでの平均時間として**平均寿命**（mean life）τ を式 (3.8) で計算できる.

$$\tau = \frac{\int_0^\infty t e^{-\lambda t} dt}{\int_0^\infty e^{-\lambda t} dt} = \lambda^{-1} = \frac{T}{\ln 2} \tag{3.8}$$

このように, 平均寿命は壊変定数の逆数に等しい. また, 時間 $t = \lambda^{-1}$ のとき指数関数部分は e^{-1} となるので, 平均寿命は放射能が e 分の 1 倍になるまでの時間である.

具体例として, PET 検査に用いられる放射性核種である ^{18}F（半減期 $T = 109.771$ 分[2]）を考えてみよう. まず, 式 (3.7) を用いると壊変定数は $\lambda \approx 1.05 \times 10^{-4}$ s^{-1} となる. この壊変定数が親核 1 個当たりの放射能なので, たとえば 100 MBq の ^{18}F があるとすると, そこにはおよそ 10^{12} 個の ^{18}F 原子核が含まれていると概算できる. また, 平均寿命は式 (3.8) から $\tau \approx 158$ 分となる.

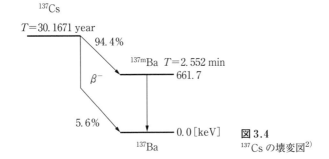

図 3.4
^{137}Cs の壊変図[2]

次に，放射性核種が複数の壊変モードをもつ場合を考えよう．このとき，各壊変モード i に対して壊変定数をそれぞれ λ_i と定義でき，これを**部分壊変定数**（partial decay constant）と呼ぶ．壊変定数は壊変確率に比例する物理量なので，全体の壊変定数 λ は部分壊変定数の総和として式（3.9）のように表すことができる．

$$\lambda = \lambda_1 + \lambda_2 + \lambda_3 + \cdots \tag{3.9}$$

ここで，λ_i/λ は壊変モード i で壊変する割合を表しており分岐比（branching ratio）と呼ばれる．

具体例として ^{137}Cs（半減期 $T=30.1671$ 年[2]）の**壊変図**（decay scheme）を図 3.4 に示す．β^- 壊変により ^{137}Ba の基底状態へ移行する場合（$i=1$）と核異性体 ^{137m}Ba へ移行する場合（$i=2$）の 2 つの壊変モードがあり，分岐比はそれぞれ 5.6% と 94.4% である．半減期から壊変定数を求めると $\lambda = 7.29 \times 10^{-10}$ s^{-1} となるので，基底状態と核異性体への部分壊変定数はそれぞれ $\lambda_1 \approx 0.4 \times 10^{-10}$ s^{-1}，$\lambda_2 \approx 6.9 \times 10^{-10}$ s^{-1} となる．

3.1.3 形　　式

(1) α 壊変

α 壊変（alpha decay）は，図 3.5 に示すとおり，原子核が α 粒子（^{4}He 原子核）を放出する現象である．このとき放出される α 粒子を α 線と呼ぶ．質量数の変化は -4，原子番号の変化は -2 となる（表 3.1）．ここで，質量数 A，原子番号 Z の原子核を $^A_Z\mathrm{X}$ とすれば α 壊変は反応式（3.10）で表される．

$$^A_Z\mathrm{X} \to {}^{A-4}_{Z-2}\mathrm{X} + \alpha \tag{3.10}$$

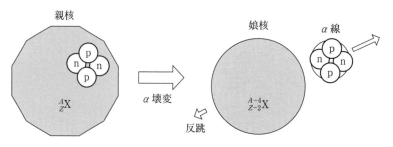

図3.5 α壊変．pとnはそれぞれ陽子と中性子を表す．

表3.1 壊変の特徴

名称	質量数の変化	原子番号の変化	放出粒子	エネルギースペクトル
α 壊変	-4	-2	α	線
β^- 壊変	なし	$+1$	$e^-, \bar{\nu}_e$	連続
β^+ 壊変	なし	-1	e^+, ν_e	連続
軌道電子捕獲（EC）	なし	-1	ν_e	線
γ 線放出	なし	なし	γ	線
内部転換（IC）	なし	なし	e^-	線

図3.1の原子核チャートでは左下に向かって2コマ移動することになる．

　α壊変の物理的プロセスを考えてみよう．壊変前，α粒子は他の陽子からクーロン力による斥力を受けているが，それよりも核子間の核力が強いため，原子核から抜け出せずに束縛されている．このとき，図3.6に示すとおり，核力とクーロン力の大小関係により**クーロン障壁**（Coulomb barrier）が生じる．しかし，量子論（quantum theory）的な**トンネル効果**（tunnel effect）により，あたかも壁の中をくぐり抜けるようにしてクーロン障壁を通過する確率が生じる．一旦，クーロン障壁を越えてしまえば短距離でしか働かない核力の効果がなくなり，α線が放出されることになる．陽子間のクーロン斥力が重要な役割を果たすため，α壊変は主として ^{222}Rn や ^{241}Am など原子番号が大きな原子核で起こる．なお，α線エネルギーが大きいほどα壊変が起こりやすく壊変定数が大きくなり，これは**ガイガー－ヌッタルの法則**（Geiger-Nuttal's law）と呼ばれる．

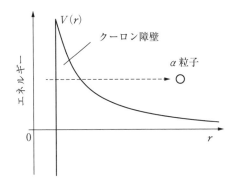

図 3.6
α壊変におけるトンネル効果．r は α 粒子と原子核の距離，$V(r)$ は核力とクーロン力を合わせた位置エネルギー（ポテンシャルエネルギー）．

α壊変の条件を考えてみよう．壊変前から壊変後の静止エネルギー和を引いた値は反応の **Q 値**（Q-value）と呼ばれ，壊変によって放出される壊変エネルギー（decay energy）を表す．外からエネルギーを与えずに α 壊変が起こるためには $Q>0$ でなければならないので，α壊変の条件は式（3.11）で表される．

$$Q = M_{\text{nucleus}}(A, Z)c^2 - M_{\text{nucleus}}(A-4, Z-2)c^2 - M_{\text{nucleus}}(4, 2)c^2 > 0 \quad (3.11)$$

ここで，$M_{\text{nucleus}}(A, Z)$ は質量数が A で原子番号が Z の原子核（親核）の質量，$M_{\text{nucleus}}(A-4, Z-2)$ は娘核の質量，$M_{\text{nucleus}}(4, 2)$ は α 粒子の質量，c は真空中の光速である．

α線が放出されると，娘核は α 線と反対方向に**反跳**（recoil）を受ける．初期状態において親核が静止していたと仮定すれば，エネルギー保存則から式（3.12）が成り立つ．

$$Q = K_\alpha + K_d \quad (3.12)$$

ここで，K_α は α 線の運動エネルギー，K_d は親核の運動エネルギー（反跳エネルギー）である．さらに，非相対論的に考えれば運動量保存則により運動エネルギー比は質量比に反比例するので，式（3.13）および（3.14）が得られる．

$$K_\alpha \approx \frac{A-4}{A} Q \quad (3.13)$$

$$K_d \approx \frac{4}{A} Q \quad (3.14)$$

すなわち，親核の質量数 A が大きいほど反跳エネルギーは小さくなり，α 線エネルギーは Q 値に近くなる．Q 値は核種と壊変の種類によって定まるため，α 線のエネルギースペクトルは核種に固有の線スペクトルを示す．

具体例として，自然放射線による内部被曝の原因となる ^{222}Rn の α 壊変について考えてみよう．^{222}Rn は半減期約 3.8 日で α 壊変を起こし ^{218}Po に変化する．この反応の Q 値は式（3.15）で計算できる．

$$Q \approx \Delta(^{222}\text{Rn}) - \Delta(^{218}\text{Po}) - \Delta(^{4}\text{He}) \tag{3.15}$$

ここで，$\Delta(^{222}\text{Rn})$，$\Delta(^{218}\text{Po})$，$\Delta(^{4}\text{He})$ はそれぞれ ^{222}Rn，^{218}Po，α 粒子の質量偏差である．原子核に関する国際的データベース[4]を参照すると $\Delta(^{222}\text{Rn}) = 16.3731$ MeV，$\Delta(^{218}\text{Po}) = 8.3578$ MeV，$\Delta(^{4}\text{He}) = 2.4249$ MeV とわかるので，$Q \approx 5.5904$ MeV と計算でき，α 壊変の条件式（3.11）を満たすことを確認できる．また，式（3.13）より原子核の反跳を考慮した α 線エネルギーを 5.49 MeV と概算できる．

(2) β 壊変

β 壊変（beta decay）には β^- 壊変と β^+ 壊変がある．β^- 壊変は，図 3.7 に示すとおり，中性子が陽子に変化し，電子（β^- 線）と反電子ニュートリノが放出される現象である．質量数は変化せず原子番号が 1 つ増加する．

$$^{A}_{Z}\text{X} \rightarrow ^{A}_{Z+1}\text{X} + e^- + \overline{\nu}_e \tag{3.16}$$

素過程は以下のとおりである．

$$n \rightarrow p + e^- + \overline{\nu}_e \tag{3.17}$$

β^- 壊変が起こるのは，主として安定な原子核に比べて中性子数が過剰な原子核である．図 3.4 に示した ^{137}Cs や図 3.23 に示した ^{99}Mo は代表的な β^- 壊変核種である．なお，原子核に束縛されていない単独の中性子も不安定であり，β^- 壊変を起こして陽子に変化する．その平均寿命は 15 分，半減期は 10 分[3]である．

一方，β^+ 壊変は，図 3.8 に示すように，陽子が中性子に変化し，陽電子（β^+ 線）と電子ニュートリノが放出される現象である．質量数は変化せず原子番号は 1 つ減少する．

$$^{A}_{Z}\text{X} \rightarrow ^{A}_{Z-1}\text{X} + e^+ + \nu_e \tag{3.18}$$

その素過程は以下のとおりである．

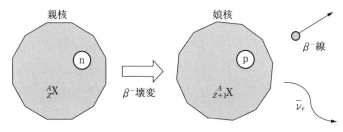

図 3.7 β^- 壊変の概要．p と n はそれぞれ陽子と中性子を表す．

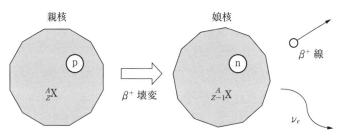

図 3.8 β^+ 壊変の概要．p と n はそれぞれ陽子と中性子を表す．

$$p \rightarrow n + e^+ + \nu_e \tag{3.19}$$

β^+ 壊変を起こす核種は主として安定な原子核に比べて陽子数が過剰な原子核である．なお，陽子は安定な粒子であり単独の陽子が自然に β^+ 壊変を起こすことはない．

この β^+ 壊変と競合する現象が**軌道電子捕獲**（electron capture，EC）である．EC は，図 3.9 に示すとおり，原子核が軌道電子を 1 つ取り込み陽子が中性子に変化し，電子ニュートリノが放出される現象である．β^+ 壊変と同様に質量数は変化せず原子番号が 1 つ減少する．

$$^A_Z X + e^- \rightarrow ^A_{Z-1} X + \nu_e \tag{3.20}$$

その素過程は以下のとおりである．

$$p + e^- \rightarrow n + \nu_e \tag{3.21}$$

β^+ 壊変と EC の割合は確率的に定まっている．具体例として，^{18}F の壊変図を図 3.10 に示す．EC により内殻の電子軌道に空孔（ホール）ができると，その空孔を埋めるために別の軌道電子が遷移し，その結果として**特性 X 線**（characteristic X-ray）あるいは**オージェ電子**（Auger electron）が放出される．

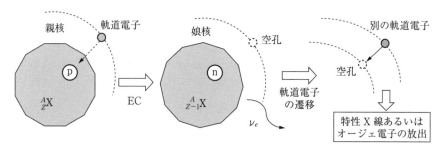

図3.9 軌道電子捕獲（EC）の概要．pとnはそれぞれ陽子と中性子を表す．

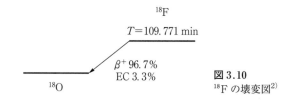

図3.10
^{18}F の壊変図[2]

$\beta^{\pm}$ 壊変および EC が起こる条件は式（3.22）〜（3.24）で表される．

β^-壊変：$Q \cong M_{\text{nucleus}}(A, Z)c^2 - M_{\text{nucleus}}(A, Z+1)c^2 - m_e c^2 > 0$　　(3.22)

β^+壊変：$Q \cong M_{\text{nucleus}}(A, Z)c^2 - M_{\text{nucleus}}(A, Z-1)c^2 - m_e c^2 > 0$　　(3.23)

EC：$Q \cong M_{\text{nucleus}}(A, Z)c^2 + m_e c^2 - M_{\text{nucleus}}(A, Z-1)c^2 > 0$　　(3.24)

ここで，m_e は電子および陽電子の質量である．次に，原子核質量を中性原子の質量で置き換えてみよう．質量数 A，原子番号 Z の中性原子質量を $M_{\text{atom}}(A, Z)$，Z 個の軌道電子の結合エネルギーを $B_e(Z)$ とすれば式（3.25）が成り立つ．

$$M_{\text{atom}}(A, Z) = M_{\text{nucleus}}(A, Z) + Zm_e - B_e(Z)/c^2 \quad (3.25)$$

よって，最外殻の軌道電子の結合エネルギーを近似的に無視すれば，以下のように変形できる．

β^-壊変：$Q \cong M_{\text{atom}}(A, Z)c^2 - M_{\text{atom}}(A, Z+1)c^2 > 0$　　(3.26)

β^+壊変：$Q \cong M_{\text{atom}}(A, Z)c^2 - M_{\text{atom}}(A, Z-1)c^2 - 2m_e c^2 > 0$　　(3.27)

EC：$Q \cong M_{\text{atom}}(A, Z)c^2 - M_{\text{atom}}(A, Z-1)c^2 > 0$　　(3.28)

すなわち，中性原子の質量変化を ΔM_{atom} とすれば次の条件式が得られる．

β^-壊変，EC：$\Delta M_{\text{atom}} c^2 > 0$　　(3.29)

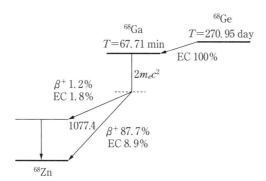

図 3.11
^{68}Ge → ^{68}Ga → ^{68}Zn の壊変図[1), 4)]

$$\beta^+ 壊変：\Delta M_{\mathrm{atom}} c^2 > 2m_e c^2 \tag{3.30}$$

このように，EC のみ可能で β^+ 壊変が起こらない場合もある．

具体例として ^{68}Ge の壊変図を図 3.11 に示す．まず，^{68}Ge から ^{68}Ga への壊変においては，質量偏差[4)] はそれぞれ $\Delta(^{68}\mathrm{Ge}) = -66.9787$ MeV，$\Delta(^{68}\mathrm{Ga}) = -67.0857$ MeV とあまり差がないため，$\Delta M_{\mathrm{atom}} c^2 = \Delta(^{68}\mathrm{Ge}) - \Delta(^{68}\mathrm{Ga}) \approx 0.1$ MeV となり EC のみ 100% となる．一方，引き続いて起こる ^{68}Zn への壊変においては，娘核の質量偏差が $\Delta(^{68}\mathrm{Zn}) = -70.0068$ MeV と小さいため，$\Delta M_{\mathrm{atom}} c^2 = \Delta(^{68}\mathrm{Ga}) - \Delta(^{68}\mathrm{Zn}) \approx 2.9$ MeV となり，β^+ 壊変と EC どちらも可能となる．

β 壊変においてはニュートリノ（電子ニュートリノあるいは反電子ニュートリノ）が放出される．このとき，β 線とニュートリノに分配される運動エネルギーの割合は一定ではなく，ニュートリノのエネルギーがゼロのときには β 線エネルギーが最大となり，逆に，ニュートリノのエネルギーが最大のときには β 線エネルギーは最小となる．結果として，β 線のエネルギースペクトルは，その最大エネルギー $E_{\max}$ が反応の Q 値によって定まる連続スペクトルとなる．

$$\beta^- 壊変：E_{\max} = Q \cong \Delta M_{\mathrm{atom}} c^2 \tag{3.31}$$

$$\beta^+ 壊変：E_{\max} = Q \cong \Delta M_{\mathrm{atom}} c^2 - 2m_e c^2 \tag{3.32}$$

エネルギースペクトルの形状は核種や壊変モードによってさまざまであるが，いずれの場合においても低エネルギー側にやや偏っており，その平均エネルギー $\overline{E}$ の目安として簡易的な近似式（3.33）が用いられることがある．

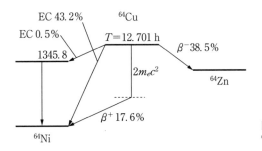

図 3.12
^{64}Cu の壊変図[1]

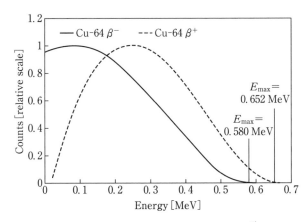

図 3.13 ^{64}Cu の β 線エネルギースペクトル[5]

$$\overline{E} \approx E_{\max}/3 \qquad (3.33)$$

より正確には，原子核と β 線との間に働くクーロン力の効果により，$β^-$ 壊変の方が $β^+$ 壊変よりもさらに低エネルギー側に偏った分布を示す．なお，β 壊変は弱い相互作用 (weak interaction) によって引き起こされる現象であり**フェルミの理論** (Ferumi's theory) によって説明できることが知られている．

具体例として，$β^-$ 壊変，$β^+$ 壊変，EC，いずれも可能な ^{64}Cu の壊変図と β 線エネルギースペクトルをそれぞれ図 3.12 と図 3.13 に示す．質量偏差[4] は $Δ(^{64}$Cu$) = -65.4240$ MeV, $Δ(^{64}$Zn$) = -66.0036$ MeV, $Δ(^{64}$Ni$) = -67.0984$ MeV なので，^{64}Zn への Q 値は $Δ(^{64}$Cu$) - Δ(^{64}$Zn$) \approx 0.580$ MeV, ^{64}Ni（基底状態）への $β^+$ 壊変の Q 値は $Δ(^{64}$Cu$) - Δ(^{64}$Ni$) - 2m_ec^2 \approx 0.652$ MeV となり，これらが β 線最大エネルギーとなる．β 線の平均エネルギーについては，$β^-$ 壊変では

$\overline{E} \approx 0.3\,E_{max}$ 程度，β^+ 壊変では $\overline{E} \approx 0.4\,E_{max}$ 程度であり，おおむね式 (3.33) が成り立っているといえよう．

(3) γ 線放出

γ 線放出（gamma-ray emission）は，図 3.14 に示すとおり，励起状態にある原子核が遷移する際に光子（γ 線）を放出する現象であり，**γ 遷移**（gamma transition）とも呼ばれる．質量数と原子番号は変化せずエネルギー準位のみ変化する．

γ 線エネルギー $h\nu$ は，遷移前のエネルギー準位 E_i と遷移後のエネルギー準位 E_f との差にほぼ等しい．

$$h\nu \cong E_i - E_f \tag{3.34}$$

よって，γ 線のエネルギースペクトルは核種に固有な線スペクトルを示す．

γ 線放出と競合するのが**内部転換**（internal conversion，IC）である．IC は，図 3.15 に示すとおり，γ 線を放出する代わりに軌道電子が放出される現象である．放出される軌道電子を**内部転換電子**（conversion electron）と呼び，その運動エネルギー K_e は対応する γ 線エネルギーから軌道電子の結合エネル

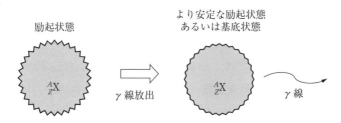

図 3.14 γ 線放出の概要

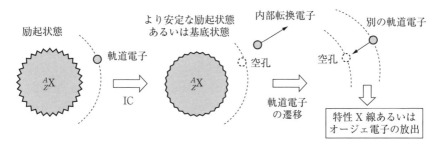

図 3.15 IC の概要

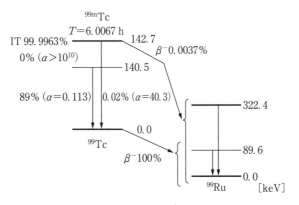

図3.16 ^{99m}Tc の核異性体転移の詳細[1]. α は内部転換係数を示す

$- B_e$ を差し引いた値にほぼ等しい.

$$K_e \cong E_i - E_f - B_e \tag{3.35}$$

よって，γ線と同様，内部転換電子のエネルギースペクトルも核種に固有な線スペクトルを示す．内部転換により内殻の電子軌道に空孔が生じると，EC と同様，その空孔を埋めるために別の軌道電子の遷移が起こり，特性 X 線あるいはオージェ電子が放出される．

γ線放出が起こるか IC が起こるかは確率的に定まっている．このとき，IC の確率をγ線放出の確率で除した値，すなわち，内部転換電子数 N_e のγ線数 N_γ に対する比を**内部転換係数**（internal conversion factor）と呼び α で表す．

$$\alpha = \frac{\text{ICの確率}}{\text{γ線放出の確率}} = \frac{N_e}{N_\gamma} \tag{3.36}$$

内部転換係数が大きいほど内部転換が起こりやすく，逆に小さいほどγ線放出が起こりやすい．なお，K 殻電子の内部転換係数を α_K，L 殻電子の内部転換係数を α_L などと表し，一般に $\alpha_K > \alpha_L$ となる．すなわち，放出されやすいのは原子核に最も近い K 殻の軌道電子である．

原子核の励起状態のなかで寿命が長い準安定（metastable）な状態，すなわち**核異性体**（isomer）からの遷移を特に**核異性体転移**（isometric transition, IT）と呼ぶ．具体例として，図 3.16 に示す ^{99m}Tc の遷移[1]を詳しく見てみよ

う．^{99m}Tc は励起エネルギー 142.7 keV の励起状態であり，半減期が約 6 時間と長いため核異性体に分類される．^{99m}Tc は β^- 壊変も起こすがその割合は 0.0037％と小さく，ほぼ 100％の割合で IT となる．その内訳としては，基底状態への遷移と 140.5 keV の励起状態への遷移の 2 通りある．基底状態への遷移については，内部転換係数が $\alpha \approx 40.3$ と IC が支配的であり γ 線の放出割合はわずかに 0.02％程度である．励起エネルギー 140.5 keV の励起状態への遷移については，内部転換係数が $\alpha > 10^{10}$ ときわめて大きいためこちらもほぼ 100％の割合で IC となる．引き続いて起こる 140.5 keV の励起状態から基底状態への遷移については，内部転換係が $\alpha \approx 0.113$ と比較的小さいため，エネルギー 140.5 keV の γ 線の放出割合は 89％となる．

(4) 核子放出

原子核が核子を放出する現象が**核子放出**（nucleon emission）である．核子放出には**中性子放出**（neutron emission）と**陽子放出**（proton emission）がある．図 3.1 の原子核チャートを見ると，β^- 壊変核種よりもさらに中性子過剰な側には中性子放出核種が，β^+ 壊変および EC よりもさらに陽子過剰な側には陽子放出核種が少数だが存在することがわかる．さらに，2 つの陽子を放出する 2 陽子放出（two-proton emission），2 つの中性子を放出する 2 中性子放出（two-neutron emission）などの現象も知られている．

(5) 核分裂

核分裂（nuclear fission）は原子核が少数の原子核に分裂する現象であり（図 3.17），自然に起こる**自発核分裂**（spontaneous fission, SF）と，何らかの外力を与えることで引き起こされる**誘導核分裂**（induced fission）に分類され

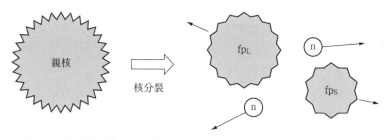

図 3.17 代表的な核分裂の様子．ここで，fp_L と fp_S はそれぞれ大小の核分裂片，n は中性子を表す．

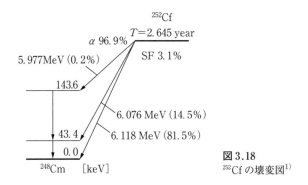

図 3.18 ^{252}Cf の壊変図[1)]

る．核分裂で発生する原子核片を**核分裂片**（fission fragment）あるいは**核分裂生成物**（fission product）という．

図 3.1 の原子核チャートを見ると，自発核分裂を起こす核種は質量数が 230 以上の大きな原子核がほとんどであることがわかる．その代表例が図 3.18 に示す ^{252}Cf である．^{252}Cf は α 壊変核種であるが，α 壊変の割合は 96.9% であり，残りの 3.1% が自発核分裂となる．^{252}Cf は中性子線源として利用されており，1 回の核分裂当たり平均 3.8 個の中性子が放出される．中性子のエネルギースペクトルは平均エネルギー 2 MeV 程度の連続エネルギースペクトルを示す．

一方，誘導核分裂の代表例は中性子線による ^{235}U の誘導核分裂である．核分裂片として生成される核種はさまざまであり，それらの割合を核分裂収率（fission yield）と呼ぶ．図 3.19 に示すとおり，核分裂収率は質量数が 90〜100 のあたりと 135〜145 のあたりにピークをもつ分布を示す．ちなみに，^{99}Mo や ^{137}Cs はこれらピークに含まれており，核分裂生成物として効率的に得ることができる．^{235}U の核分裂では平均 2〜3 個の中性子が放出される．それらを減速材で熱中性子に変換して ^{235}U へ照射することにより誘導核分裂を継続させることができる．これが連鎖反応（chain reaction）である．なお，^{235}U 原子核 1 個の核分裂により生み出されるエネルギーはおよそ 200 MeV であり，そのうち約 8 割は核分裂片の運動エネルギーとなり，残りが中性子の運動エネルギーや核分裂片の励起エネルギーに分配される．

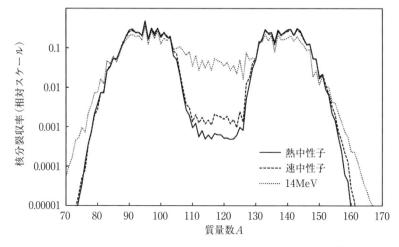

図 3.19 ^{235}U の誘導核分裂における核分裂収率の質量数分布[1]

3.1.4 系列壊変と放射平衡

(1) 系列壊変

娘核が不安定で引き続き壊変が起こるとき，これを**系列壊変**（series decay）と呼ぶ．特に，天然の放射性核種から始まり鉛の安定同位体で終わる**壊変系列**（decay series）として，トリウム系列，ウラン系列，アクチニウム系列の3種類が知られている[2]．トリウム系列は ^{232}Th（半減期 1.405×10^{10} year）から ^{208}Pb（安定）まで，ウラン系列は ^{238}U（半減期 4.468×10^{9} year）から ^{206}Pb（安定）まで，アクチニウム系列は ^{235}U（半減期 7.04×10^{8} year）から ^{207}Pb（安定）までの系列である．放射線治療に利用されていた ^{226}Ra（半減期 1.600×10^{3} year）やその α 壊変で生じる ^{222}Rn（半減期 3.8235 day）はウラン系列に含まれる核種であり，ウラン系列は**ラジウム系列**（radium series）とも呼ばれる．系列中の娘核種は半減期がきわめて長い親核種から供給されるため天然に存在し続けることができる．一方，^{237}Np（半減期 2.144×10^{6} year）で始まり ^{205}Tl（安定）で終わる壊変系列は**ネプツニウム系列**（neptunium series）として知られている．^{237}Np はその半減期が地球の年齢に比べれば十分に短く天然には存在しないため，ネプツニウム系列は人工の壊変系列であ

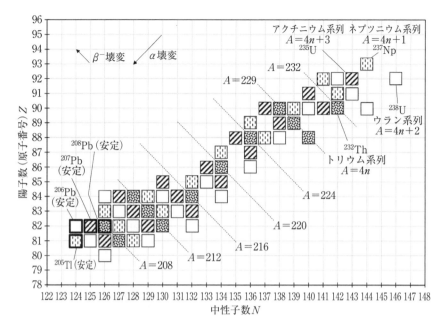

図 3.20 4種類の壊変系列における質量数 A，原子番号（陽子数）Z，中性子数 N の分布

る．図 3.20 に示すとおり，各壊変系列に含まれる核種は α 壊変と β^- 壊変で結び付けられており，壊変における質量数の変化の大きさはゼロあるいは 4 に限られている．このため，異なる系列がお互いに混じり合うことはない．質量数でみると，n を自然数として，トリウム系列は $4n$，ウラン系列は $4n+2$，アクチニウム系列は $4n+3$ であり，人工のネプツニウム系列は $4n+1$ となる．

(2) 放射平衡

娘核も壊変を起こすとき，時間 $t=0$ における親核と娘核の原子核数をそれぞれ $N_1(t)$，$N_2(t)$，壊変定数をそれぞれ λ_1，λ_2 とすると以下の微分方程式が成り立つ．

$$\frac{d}{dt}N_1(t) = -\lambda_1 N_1(t) \tag{3.37}$$

$$\frac{d}{dt}N_2(t) = -\lambda_2 N_2(t) + r\lambda_1 N_1(t) \tag{3.38}$$

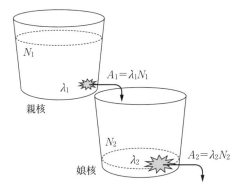

図 3.21 放射平衡における親核と娘核の関係

これは，**Bateman 方程式**（Bateman equation）と呼ばれる．ここで，r はこの娘核が生成される割合（分岐比）である．まず，親核に関する微分方程式 (3.37) の解として式 (3.39) が得られる．

$$N_1(t) = N_1(0)e^{-\lambda_1 t} \tag{3.39}$$

この式を微分方程式 (3.38) に代入するとその解として式 (3.40) が得られる．

$$N_2(t) = r\frac{\lambda_1}{\lambda_2 - \lambda_1}N_1(0)(e^{-\lambda_1 t} - e^{-\lambda_2 t}) + N_2(0)e^{-\lambda_2 t} \tag{3.40}$$

親核と娘核の放射能 $A_1(t)$，$A_2(t)$ についても同様に式 (3.41) および (3.42) が得られる．

$$A_1(t) = A_1(0)e^{-\lambda_1 t} \tag{3.41}$$

$$A_2(t) = r\frac{\lambda_2}{\lambda_2 - \lambda_1}A_1(0)(e^{-\lambda_1 t} - e^{-\lambda_2 t}) + A_2(0)e^{-\lambda_2 t} \tag{3.42}$$

さて，親核の半減期 T_1 が娘核の半減期 T_2 よりも十分に長いとき，すなわち，娘核の壊変定数 λ_2 が親核の壊変定数 λ_1 よりも十分に大きいときには，時間が経過した後に親核と娘核の放射能の比率がほぼ一定となる平衡状態に移行する．これを**放射平衡**（radioactive equilibrium）という．放射平衡を穴の空いたバケツを伝わる水の流れに例えたのが図 3.21 である．図中で，原子核数がバケツの水量，壊変定数が穴の大きさ，放射能が穴から出てくる流速に相当する．なお，放射平衡には**永続平衡**（secular equilibrium）と**過渡平衡**（transient equilibrium）がある．

48　第3章　放射線の発生

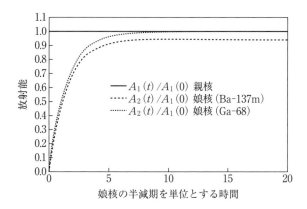

図 3.22　永続平衡 ^{137}Cs-^{137m}Ba および ^{68}Ge-^{68}Ga における放射能の時間変化

a. 永続平衡

永続平衡は親核の半減期が娘核に比べてきわめて大きい場合（$\lambda_1 \ll \lambda_2$）に成立する．このとき，十分に時間が経過すると娘核の放射能を次式で近似できる．

$$A_2(t) \approx rA_1(t) \tag{3.43}$$

すなわち，娘核の放射能はその初期値 $A_2(0)$ に関係なく親核の放射能に分岐比 r を乗じた値にほぼ等しくなる．

具体例として，^{137}Cs と ^{137m}Ba の壊変を考えてみよう．親核の半減期は $T_1=30.1671$ 年，娘核の半減期は $T_2=2.552$ 分なので $\lambda_1/\lambda_2 \approx 1.6 \times 10^{-7}$ となり永続平衡の条件が成り立つ．^{137}Cs から ^{137m}Ba への分岐比は $r=0.944$ であり，十分に時間が経過した後には娘核の放射能は親核の約 0.944 倍で平衡状態になる．もう1つの具体例として，核医学分野で欠くことのできない ^{68}Ge（半減期 $T_1=270.95$ 日）と ^{68}Ga（半減期 $T_2=67.71$ 分）を考えてみよう．親核 ^{68}Ge は EC100％で ^{68}Ga に変化し，娘核 ^{68}Ga は β^+ 壊変あるいは EC により ^{68}Zn に変化する．このとき，$\lambda_1/\lambda_2 \approx 6.9 \times 10^{-4}$ となりほぼ永続平衡の条件が成り立つ．時間 $t=0$ において娘核が存在しない（$A_2(0)=0$）と仮定した場合の放射能の時間変化を図 3.22 に示す．いずれの場合も娘核の半減期の 10 倍程度の時間が経過するとほぼ平衡状態に達することがわかる．

b. 過渡平衡

過渡平衡は，永続平衡の場合ほどには半減期に違いはないが，式（3.42）において十分な時間が経過したとき $e^{-\lambda_2 t}$ の項を無視できる場合に成り立つ．このとき，次式が得られる．

$$A_2(t) \approx r\frac{\lambda_2}{\lambda_2-\lambda_1}A_1(t) = r\frac{T_1}{T_1-T_2}A_1(t) \tag{3.44}$$

娘核の放射能はその初期値 $A_2(0)$ に関係なく，親核の放射能の定数倍に比例するようになる．$A_2(0)=0$ と仮定すると，娘核の放射能 $A_2(t)$ は時間経過とともに大きくなっていき，その後，減少に転じた後，親核の半減期に従い指数関数的に減衰していく．娘核の放射能が極大となる時間 $t_{\max}$ は，式（3.42）の時間微分がゼロになる時間として式（3.45）で計算できる．

$$t_{\max} = \frac{1}{\lambda_2-\lambda_1}\ln\left(\frac{\lambda_2}{\lambda_1}\right) = \frac{1}{\ln 2}\frac{T_1 T_2}{T_1-T_2}\ln\left(\frac{T_1}{T_2}\right) \tag{3.45}$$

過渡平衡の具体例として ^{99}Mo と ^{99m}Tc を考えてみよう（図3.23[2]）．^{99}Mo は半減期 $T_1=65.94$ 時間で β^- 壊変を起こして ^{99m}Tc（$r=0.877$）となり，^{99m}Tc は半減期 $T_2=6.015$ 時間で IT を起こす．このとき，$\lambda_1/\lambda_2 \approx 11$ となり過渡平衡が成り立つ．$A_2(0)=0$ という条件で放射能の時間変化をグラフにしたのが図3.24である．娘核の放射能は，半減期 T_2 の4倍程度の時間で極大となり，その後，過渡平衡状態に移行していることがわかる．

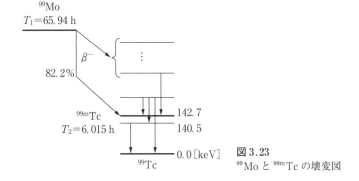

図 3.23　^{99}Mo と ^{99m}Tc の壊変図

50　第3章　放射線の発生

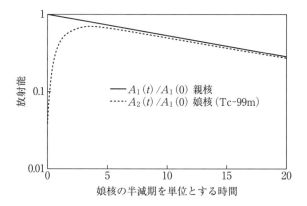

図 3.24　過渡平衡 ^{99}Mo-^{99m}Tc における親核と娘核の放射能の時間変化

3.2　X　線

3.2.1　X 線の定義

1895 年にレントゲンによる陰極線の研究中に発見された **X 線**（x-ray）は，電磁放射線の一種であり，紫外線よりも波長が短い電磁波である．発生機序として，原子核外から発生する電磁波である X 線は，原子核内のエネルギー準位の遷移により発生する電磁波である **γ線**（gamma ray）とは区別される．

また，X 線は物質を構成する原子との相互作用により物質を電離する電離放射線でもある．X 線は電磁波に分類される一方で，アインシュタインによる光電効果の理論的説明に示されるように**粒子**（particle）としての性質をも併せもつ．そのため，粒子である光子の流れとして光子線とも呼ばれる．X 線の特徴には以下が挙げられる．

- 質量をもたない．
- 電荷をもたない．
- 伝搬速度（真空中）：$c=3.0\times10^8$ [m/s]
- 波長：$10^{-14}\sim10^{-8}$ [m]
- 波動性：干渉，回折，反射
- 粒子性：光子のエネルギー $E=h\nu$（h はプランク定数，ν は X 線の振動数）

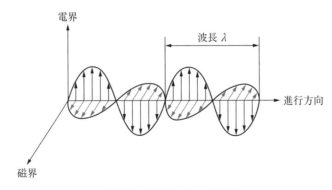

図 3.25 電磁波としての X 線

なお，電磁波である X 線は，電場および磁場の振動方向が進行方向と直交し，かつ互いに直交する横波であり，伝搬速度 c と振動数 ν，波長 λ との間に $c=\nu\lambda$ の関係がある（図 3.25）．

X 線の分類として，高速の電子と原子核との相互作用により放出される制動放射線と，物質を構成する原子の軌道電子の空位に対し外側の軌道電子が遷移するときに発生する**特性 X 線**（characteristic x-ray）がある．

X 線のマクロな性質としては，以下のものが挙げられる．

- 物質を通過する際に，原子にエネルギーを与えて励起や**電離**（ionization）を起こす（電離作用）
- 物質を透過する（透過作用）
- 写真乾板を感光させる（写真作用）
- 蛍光物質に当てると蛍光を発する（蛍光作用）
- ポリエチレン等の分子を結合あるいは切断する（化学作用）

3.2.2 X 線の発生

(1) 制動 X 線

制動放射線の発生方法を図 3.26 に示す．陰極のフィラメントに電流を流すと熱電子が発生する．この熱電子が陰極と陽極間に印加された高電圧により加速され，陽極のターゲットへ衝突し，制動放射線が発生する．

これを，電子と物質の原子との**相互作用**（interaction）として見てみると，

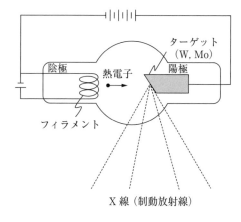

図 3.26
X 線の発生方法

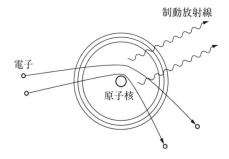

図 3.27
電子と原子との相互作用から見た制動放射線の発生

　高速の荷電粒子が物質に入射すると，原子核のクーロン電場により減速される（図3.27）．このとき，マクスウェルの電磁理論[6]により，そのときに消失したエネルギーが制動放射線として放出される．この際，入射電子の物質内での通過進路と原子の原子核との距離により曲げられ具合の大小が変わる．これは電子の加速度が異なることを示す．電磁理論によると，荷電粒子が原子核の電場により加速されると，単位時間当たりに加速度の2乗に比例したエネルギーの電磁波が制動放射される．以下では，制動放射される電磁波を制動 X 線と呼ぶ．制動 X 線の単位時間当たりの放射エネルギーは，**X 線強度**（x-ray intensity）とも呼ばれ，次式により表される．

$$\frac{dE_x}{dt} = \frac{2ke^2}{3c^2} \cdot a^2 \tag{3.46}$$

ここで，E_x：制動 X 線エネルギー，k：クーロン定数，c：真空の光速度，e：

電気素量，a：荷電粒子の加速度である．

この式より，X 線強度は荷電粒子の加速度の 2 乗に比例する．ここで，質量 m，電荷 ze の荷電粒子が電荷 Ze の原子核より構成される物質へ入射したとすると，加速度 a は，$k \cdot \dfrac{ze \cdot Ze}{mr^2}$（$r$：荷電粒子と原子核との距離）で表される．

r が一定とした場合，加速度 a は，$\dfrac{ze \cdot Ze}{m}$ に比例することとなり，X 線強度 $\dfrac{dE_x}{dt}$ は，$\dfrac{z^2 Z^2 e^4}{m^2}$ に比例する．

したがって，質量の小さい電子を入射荷電粒子とした場合，X 線強度は大きくなる．一方，質量の大きい重荷電粒子では X 線強度は小さくなるため，制動 X 線は無視できる．また，物質の原子については，原子番号が大きいほど制動 X 線量が多くなる．

そこで，低エネルギーの電子を荷電粒子として制動 X 線の発生について考える．入射電子の物質内での散乱や励起，電離は複雑であるため，物質中で 1 回だけ相互作用し，制動 X 線を放射するような薄層の物質について議論する．そのような薄層の物質へエネルギー E の 1 個の電子が入射すると，$0 \sim E$ のエネルギーの光子が制動 X 線として放射され，各エネルギーにおける放射強度（光子エネルギーと光子数との積に比例）は等しくなる．これは，入射電子のエネルギーに関係なく成り立つ．これを図 3.28 に示す．厚い物質は複数の薄層から構成されるとして制動放射を考える．エネルギー E_0 の入射電子が物質の薄層で制動放射しエネルギーが E_1 へと減少し，続いて次の薄層で制動放射してエネルギーが E_2 に減少することが，エネルギーが 0 になるまで生じたと仮定する（$E_0 \to E_1 \to E_2 \to \cdots \to E_n \to 0$）．各光子エネルギーに対する X 線強度は，各薄層からの X 線強度を積算したものに相当する．図 3.28 から，制動 X 線は $0 \sim E_0$ のエネルギー範囲の光子が存在するため**連続 X 線**（continuous x-ray）とも呼ばれ，また光子エネルギーに対して X 線強度は直線的に変化することがわかる．

X 線強度 I については，クラマースは以下の解析的な式を導出している[7]．

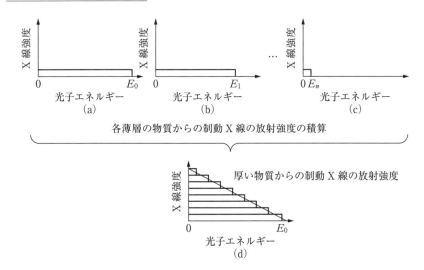

図 3.28 物質からの制動 X 線の放射強度の説明

$$I(E)=CZ(E-E_0) \quad (E<E_0, C<0) \tag{3.47}$$

ここで，C：比例定数，Z：物質の原子番号，E：光子エネルギー，E_0：最大の光子エネルギーである．

入射電子1個に対する制動 X 線の放射エネルギーは，図 3.28 の X 線強度の直線と横軸，縦軸で囲まれた領域の面積と等しく，次式の関係が得られ，X 線強度は物質の原子番号と入射光子のエネルギーの 2 乗に比例することがわかる．

$$\int_0^{E_0} I(E)dE \propto ZE_0^2 \tag{3.48}$$

ところで，管電圧 V で加速された1個の入射電子のエネルギーは eV で表され，このエネルギーがすべて1個の光子へ転換されたときが最大の光子エネルギー $E_0(=eV)$ となる．管電流が i のとき，単位時間当たりの電子数は管電流に比例することから，制動 X 線の全放射エネルギーは

$$全放射エネルギー = i \cdot \int_0^{E_0} I(E)dE = iE_0^2 Z = i(eV)^2 Z \propto iV^2 Z \tag{3.49}$$

となる．この全放射エネルギーを産み出すために必要な電子のエネルギー（供

給電力）は iV で表されるため，制動 X 線の発生効率 η は

$$\eta = \frac{\text{全放射エネルギー}}{\text{供給電力}} = \frac{kiV^2Z}{iV} = kVZ \quad (k：比例定数) \quad (3.50)$$

で表される．

　先に，管電圧 $V[\text{V}]$ で加速された 1 個の入射電子のエネルギー $eV[\text{J}]$ のすべてが，1 個の光子へ転換されたときに光子エネルギーが最大（$E_{\max}$）となると述べた．他方，光子エネルギー E はプランク定数 h（$=6.62\times10^{-34}$ [Js]）と振動数 $\nu[\text{Hz}]$ を用いて $E=h\nu$ と表され，光子エネルギーが最大となるとき，制動 X 線の振動数は最大振動数 $\nu_{\max}$ [Hz]（波長は最短波長 $\lambda_{\min}$ [m]）となる．すなわち

$$eV = E_{\max} = h\nu_{\max} = \frac{hc}{\lambda_{\min}} \quad (3.51)$$

したがって，最短波長 $\lambda_{\min}$ は

$$\lambda_{\min} = \frac{hc}{eV} = \frac{6.62\times10^{-34}\times3.0\times10^8}{1.602\times10^{-19}\times V} \fallingdotseq \frac{12.4\times10^{-7}}{V} = \frac{1.24}{V\times10^{-3}}\times10^{-9} \quad [\text{m}]$$

$$= \frac{1.24}{V[\text{kV}]} \quad [\text{nm}] \quad (3.52)$$

これは，**デュエン・ハント**（Duane-Hunt）**の式**[8]と呼ばれ，制動 X 線の最短波長を表す．この式から，制動 X 線の最短波長は，管電圧のみに関係し，管電流や物質の原子構造（原子番号）には依存しないことがわかる．

(2) 特性 X 線

　特性 X 線は，物質を構成する原子の軌道電子が電離して生じた空位に対して，外側の軌道電子が遷移する際に放出される．特性 X 線のエネルギーは，遷移した軌道間のエネルギー準位差に相当するエネルギーとなり，物質の原子によって決まる単一波長の X 線となる．たとえば，K 殻の空位に L 殻の軌道電子が遷移した場合のエネルギー E_K は，以下で表される．

$$E_K = W_K - W_L \quad (3.53)$$

ここで，W_K：K 殻の結合エネルギー，W_L：L 殻の結合エネルギー．

　なお，結合エネルギーとは軌道電子のエネルギー準位の絶対値である．

　外側の軌道電子が K 殻の空位へ遷移する際に発生する特性 X 線を K 殻特性 X 線と呼び，L 殻の空位へ遷移する際に発生する特性 X 線を L 殻特性 X 線と

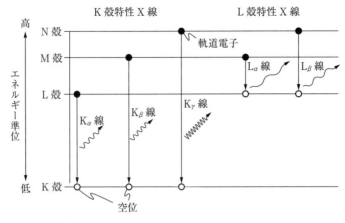

図3.29 特性X線の説明

呼ぶ（図3.29）．図からわかるように，外側の軌道におけるエネルギー準位差より，内側の軌道におけるエネルギー準位差の方が大きく，K殻特性X線のエネルギーはL殻特性X線のエネルギーより高い．

特性X線について，その振動数 ν と物質の原子番号 Z には，以下の**モーズレーの法則**（Moseley's law）が成り立つ．

$$\sqrt{\nu} = k(Z-S) \quad (k, S：定数) \tag{3.54}$$

これは，特性X線のエネルギーは物質の原子番号のみに依存し，管電圧や管電流のような物理量には依存しないことを示している．

先に，軌道の空位へ外側の軌道電子が遷移する際に特性X線が発生すると記述したが，特性X線が発生する代わりに，遷移したときのエネルギーを外側の軌道電子が受け取り，電離して原子が安定化することがある．これを**オージェ効果**（Auger effect）[9]と呼び，エネルギーを受け取って電離した電子をオージェ電子という．オージェ電子のエネルギーは，外側の軌道電子が軌道の空位に遷移する際のエネルギー準位差から軌道電子が電離するために必要なエネルギーを差し引いた値であり，線エネルギーとなる．

特性X線の発生とオージェ電子の放出とは競合し，後述する光電効果において発生した軌道の空位に対して特性X線が発生する割合を蛍光収率 ω とし，オージェ電子が発生する割合をオージェ収率 $1-\omega$ で表す．

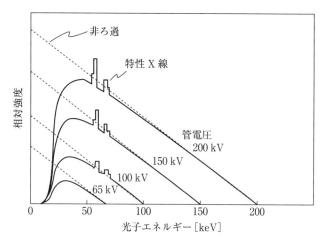

図 3.30 制動 X 線のエネルギースペクトル

$$\omega = \frac{特性X線の光子数}{光電効果で吸収された光子数} \tag{3.55}$$

　図 3.30 にタングステンに対する制動 X 線および特性 X 線のエネルギースペクトルの概形を示す．点線はろ過がない状態での制動 X 線のエネルギースペクトルを示す．通常は，X 線発生装置の放射窓，絶縁油，コーン等により低エネルギー成分が吸収され，制動 X 線のエネルギースペクトルは実線のようになる．また，特性 X 線は線スペクトルとして表されている．

演習問題

3.1　壊変の法則で正しいのはどれか．
1. 放射能は原子核数に反比例する．
2. 壊変定数の単位は s（秒）である．
3. 半減期と壊変定数の積は $\ln 2$ に等しい．
4. 平均寿命は半減期の $\ln 2$ 倍に等しい．
5. 娘核の数は指数関数的に増加する．

3.2 壊変の形式で正しいのはどれか.
1. α 壊変では原子番号が4つ減少する.
2. β^- 壊変と EC は競合する.
3. IC では質量数と原子番号は不変である.
4. β^+ 壊変の後には特性 X 線あるいはオージェ電子が放出される.
5. 軌道電子の遷移により γ 線が放出される.

3.3 エネルギースペクトルが連続スペクトルとなるのはどれか.
1. α 線
2. β 線
3. γ 線
4. 内部転換電子
5. オージェ電子

3.4 核分裂で誤っているのはどれか.
1. ^{252}Cf は自発核分裂を起こす.
2. ^{235}U は中性子による誘導核分裂を起こす.
3. ^{235}U の核分裂により平均2〜3個の中性子が放出される.
4. 放出される中性子線のエネルギースペクトルは線スペクトルである.
5. ^{99}Mo や ^{137}Cs は核分裂片として得られる.

3.5 放射平衡で誤っているのはどれか.
1. 親核の半減期が娘核に比べて十分に大きいときに成り立つ.
2. 十分な時間が経過すると娘核の放射能は親核に比例する.
3. 平衡状態に移行する前の過渡的な状態を過渡平衡と呼ぶ.
4. ^{137}Cs と ^{137m}B は永続平衡となる核種の代表例である.
5. 平衡状態における娘核の放射能は初期放射能に依存しない.

3.6 X 線の発生で正しいのはどれか.
1. 制動 X 線の最短波長は管電圧に比例する.
2. X 線の発生強度は管電圧の2乗に比例する.
3. 特性 X 線のエネルギーは管電圧に依存する.

4. エネルギーフルエンスは管電圧波形に依存しない．
5. 特性X線の発生は入射電子のエネルギーに依存しない．

3.7 誤っているのはどれか．
1. 特性X線はターゲット原子の内殻電離で発生する．
2. 軌道電子が内側軌道に転移するとき特性X線が発生する．
3. 特性X線のエネルギーは単色である．
4. K_α線のエネルギーはK_β線より小さい．
5. 制動X線放射の代わりにオージェ電子が発生する．

3.8 正しいのはどれか．
1. 可干渉性散乱では散乱光子のエネルギーは入射光子のエネルギーより小さい．
2. 光電効果の起こる確率は物質の原子番号に依存しない．
3. コンプトン効果の散乱光子のエネルギーは入射光子のエネルギーより大きい．
4. 電子対生成では入射光子は消滅する．
5. 光核反応には，しきい値が存在しない．

3.9 100 keVのX線が散乱角180°でコンプトン散乱した場合の散乱光子エネルギー（keV）に最も近いのはどれか．
1. 23   2. 51   3. 64   4. 71   5. 93

〈参考文献〉

1) Nuclear Data Services, International Atomic Energy Agency (IAEA): Live chart of nuclides, nuclear structure and decay data, 2009-2016 IAEA Nuclear Data Section
2) 日本アイソトープ協会編：アイソトープ手帳，丸善
3) Particle Data Group: Review of Particle Physics, Chinese Physics C, 38(9), 2014
4) National Nuclear Data Center (NNDC), Brookhaven National Laboratory (BNL), Chart of Nuclides, http://www.nndc.bnl.gov/chart
5) R. D. Evans: The Atomic Nucleus, McGraw-Hill, New York, 1955

6) Maxwell, J. C. : A dynamical theory of the electromagnetic field, 155, 459-512, Phil. Trans. R. Soc. Lond., 1865
7) Kramers, H. A. : On the theory of X-ray absorption and of the continuous X-ray spectrum, 46, 836, Phil. Mag., 1923
8) William D. and Franklin L. H. : On X-Ray Wave-Lengths, 6(2), 166-172, Physical Review, 1915
9) IUPAC, Compendium of Chemical Terminology, 2nd ed., 1997
10) Klein O. and Nishina Y. : Über die Streuung von Strahlung durch freie Elektronen nach der neuen relativistischen Quantendynamik von Dirac, 52(11-12), 853-869, Z. Phys., 1929
11) Mohorovičić, S. : Möglichkeit neuer Elemente und ihre Bedeutung für die Astrophysik, 253(4), 94, Astronomische Nachrichten, 1934

4 物質との相互作用

4.1 光　　子

4.1.1 相互作用の概要

　X線とγ線は電磁波であるので**波動**（wave）としての性質と，質量と電荷はもたないが**粒子**（particle）として性質の両方をもっている．このため，総称して**光子**（photon）と呼んでいる．光子と物質の相互作用は，波動として説明されるトムソン散乱とレイリー散乱，粒子として説明される光電吸収，コンプトン散乱，電子対，三対子生成および光（ひかり）核反応に分類することができる．

　光子が物質に入射した場合，それぞれの相互作用が生じる確率（断面積）は光子エネルギーによって変化する．図 4.1 に，水の光子エネルギーによる各相互作用の単位質量当たりの断面積の変化を示す．光子エネルギーが 0.01 MeV での断面積は，光電吸収，干渉性散乱（トムソン散乱とレイリー散乱），コンプトン散乱の順になっている．しかし，エネルギーが大きくなるに従い，光電吸収，干渉性散乱が生じる断面積は徐々に低下し，0.1 MeV から 10 MeV の領域ではコンプトン散乱が主になる．電子対生成は 1.022 MeV，三対子生成は 2.044 MeV をしきいエネルギーとしてそれ以上のエネルギーで発生し，エネルギーの増大とともに断面積が増加していく．さらに大きなエネルギーでは光核反応も発生するようになる．

　すべての相互作用の断面積の和である全断面積は光子エネルギーが大きくな

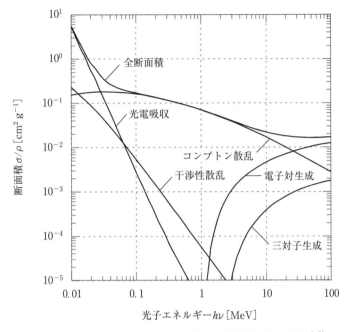

図 4.1 光子エネルギーによる各相互作用の断面積の変化（水）[1,2]

るとともに減少する傾向を示している．図 4.2 に水と鉛を例に，全断面に対するそれぞれの相互作用の断面積の比の光子エネルギーによる変化を示す．水の場合，およそ 30 keV で光電吸収とコンプトン散乱が発生する割合が等しくなる．エネルギーが大きくなるに従いコンプトン散乱が主となり，およそ 10 MeV までは相互作用の 8 割以上をコンプトン散乱が占めている．さらにエネルギーが大きくなり 30 MeV 程度になるとコンプトン散乱と電子対生成が発生する割合がほぼ等しくなり，それ以上では電子対生成が主に発生することなる．一方，原子番号の高い鉛では，およそ 500 keV で光電吸収とコンプトン散乱が等しい割合で発生し，それ以上のエネルギーではコンプトン散乱が主となる．しかし，水と異なりコンプトン散乱が主となるエネルギー範囲は狭く，1.5 MeV でコンプトン散乱の発生は 8 割で極大となる．それ以上ではコンプトン散乱の発生は減少傾向となり，5 MeV を超えると電子対生成の発生の割合が 5 割以上に増加していく．

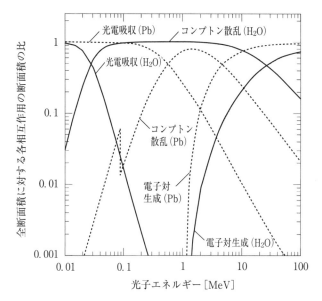

図4.2 全断面積に対する各相互作用の断面積の比の光子エネルギーによる変化（水，鉛）

以上のように，光子と物質との相互作用はエネルギーと物質の原子番号によって変化する．以降，それぞれの相互作用について詳細に説明していく．

4.1.2 干渉性散乱（coherent scattering）

散乱光子が入射光子と同じ波長をもち，位相関係が変化しない散乱を干渉性散乱という．干渉性散乱にはトムソン（Thomson）散乱とレイリー（Rayleigh）散乱がある．

(1) トムソン散乱

トムソン散乱は，入射光子によって物質中の自由電子が共鳴振動させられて電気双極子となり，再び同じエネルギーをもった電磁波が放射されると説明されている現象である．古典理論によることから古典散乱と呼ばれることもある．

トムソン散乱によって散乱角 θ 方向の微小立体角 $d\Omega$ への単位立体角当たり，自由電子1個当たりの断面積，すなわち電子微分断面積 $d_e\sigma_{Th}/d\Omega$ [m² sr⁻¹ el⁻¹] は次式で求めることができる．

$$\frac{d_e\sigma_{Th}}{d\Omega} = \frac{r_e^2}{2}(1+\cos^2\theta) \tag{4.1}$$

ここで r_e は古典電子半径で，$r_e = 2.817\,940\,3227\,(19) \times 10^{-15}$ m である．

図4.3に散乱角 θ によるトムソン散乱の電子微分断面積 $d_e\sigma_{Th}/d\Omega$ の変化を示す．散乱角 $90°$ を中心として $d_e\sigma_{Th}/d\Omega$ の変化は対称で，$90°$ で最小の 3.97×10^{-30} [m² sr⁻¹ el⁻¹] となり，$0°$ および $180°$ で最大の 7.94×10^{-30} [m² sr⁻¹ el⁻¹] となっている．

図4.4で示すように，散乱角 θ と $\theta+d\theta$ の間の全方位の立体角 $d\Omega$ は，次式で求められる．

$$d\Omega = 2\pi \sin\theta\, d\theta \tag{4.2}$$

したがって，トムソン散乱の単位角当たりの電子微分断面積 $d_e\sigma_{Th}/d\theta$ [m² rad⁻¹ el⁻¹] は次式となる．

$$\frac{d_e\sigma_{Th}}{d\theta} = \frac{d_e\sigma_{Th}}{d\Omega}\frac{d\Omega}{d\theta} = \pi r_e^2 \sin\theta(1+\cos^2\theta) \tag{4.3}$$

図4.3にトムソン散乱の単位角当たりの微分断面積 $d_e\sigma_{Th}/d\theta$ の変化を立体

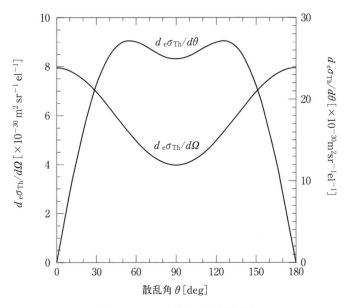

図4.3　トムソン散乱の微分断面積

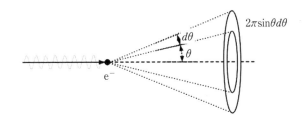

図4.4 散乱角 θ と $\theta+d\theta$ の間の全方位の立体角 $d\Omega$

角当たりの微分断面積 $d\,_e\sigma_{Th}/d\Omega$ と比較して示す．0°および180°方向では立体角が最小となるため単位角当たりの微分断面積 $d\,_e\sigma_{Th}/d\theta$ も最小となっている．変化は散乱角90°を中心として対称で，55°および125°で最大となる．

電子1個当たりの全散乱角方向のトムソン散乱の電子断面積 $_e\sigma_{Th}\,[\mathrm{m^2\,el^{-1}}]$ は，式（4.4）を散乱角 θ について0°から180°まで積分することによって求められる．

$$_e\sigma_{th} = \int \frac{d\,_e\sigma_{th}}{d\Omega}\,d\Omega = \frac{r_e^2}{2}\int_0^\pi (1+\cos^2\theta)\,2\pi\sin\theta\,d\theta$$

$$= \frac{8}{3}\pi\,r_e^2 = 6.65\times 10^{-29} \tag{4.4}$$

これはトムソン古典散乱係数と呼ばれている．式（4.1）から（4.4）で示されるようにトムソン散乱の断面積は光子エネルギーに依存しない．また，トムソン散乱は，光子エネルギー $h\nu$ が軌道電子の結合エネルギー E_b より大きく $m_e c^2$（0.511 MeV）より小さい範囲（$E_b \ll h\nu \ll m_e c^2$）で，小さい散乱角 θ で優位である．トムソン散乱の原子断面積 $_a\sigma_{Th}\,[\mathrm{m^2\,atom^{-1}}]$ は，電子断面積 $_e\sigma_{Th}\,[\mathrm{m^2\,atom^{-1}}]$ に軌道電子数を示す原子番号 Z を乗じて $_a\sigma_{Th}=Z\,_e\sigma_{Th}$ で求めることができる．

(2) レイリー散乱

さらに大きい光子エネルギー，高原子番号の物質，大きい散乱角ではレイリー散乱を考慮する必要がある．図4.5にレイリー散乱の過程を示す．レイリー散乱は軌道電子による光子の散乱現象である．この相互作用では原子全体としては運動量を受け取るが，反跳エネルギーは非常に小さく原子は励起も電離も

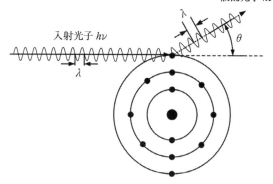

図 4.5　レイリー散乱の過程

されず，軌道電子は散乱後に元の状態に戻る．このため散乱角 θ は小さく，散乱光子は入射光子と同じエネルギー $h\nu$, 波長 λ をもつことになる．

レイリー散乱の単位立体角当たりの原子微分断面積 ${}_a\sigma_R/d\Omega\,[\mathrm{m^2\,sr^{-1}\,atom^{-1}}]$ および単位散乱角当たりの原子微分断面積 ${}_a\sigma_R/d\theta\,[\mathrm{m^2\,rad^{-1}\,atom^{-1}}]$ は，それぞれ式（4.3）および（4.4）のトムソン散乱の電子微分断面積から次式で与えられる．

$$\frac{d\,{}_a\sigma_R}{d\Omega} = \frac{d\,{}_e\sigma_{Th}}{d\Omega}\{F(x,Z)\}^2 = \frac{r_e^2}{2}(1+\cos^2\theta)\{F(x,Z)\}^2 \quad (4.5)$$

$$\frac{d\,{}_a\sigma_R}{d\theta} = \frac{d\,{}_e\sigma_{Th}}{d\theta}\{F(x,Z)\}^2 = \pi r_e^2 \sin\theta\,(1+\cos^2\theta)\{F(x,Z)\}^2 \quad (4.6)$$

ここで，$F(x,Z)$ は原子形状因子（atomic form factor）で，原子番号 Z と散乱角 θ によって断面積が変化することに対する係数である．x は入射光子の波長 λ と散乱角 θ から次式で求められる運動量転移変数（momentum transfer variable）と呼ばれる変数で，単位は $(10^{-10}\mathrm{m})^{-1}$ である．

$$x = \frac{\sin\left(\dfrac{\theta}{2}\right)}{\lambda} \quad (4.7)$$

$F(x,Z)$ は理論的に計算され，物質ごとに運動量転移変数 x の関数として与えられている．図 4.6 に，水素，炭素，アルミニウム，銅および鉛を例として原子形状因子 $F(x,Z)$ を示す．$F(x,Z)$ は，$\theta\approx 0$ の場合には Z で近似でき，θ が

4.1 光子

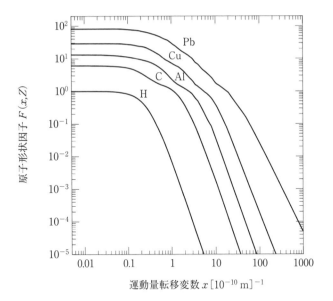

図 4.6 原子形状因子 $F(x, Z)$ （水素，炭素，アルミニウム，銅および鉛）[3]

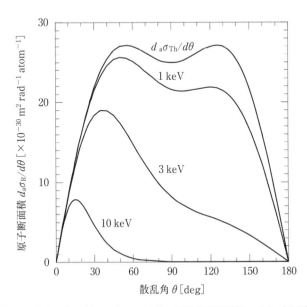

図 4.7 光子エネルギーによるレイリー原子微分断面積の変化（水素）

大きい場合には0に近い値をとる．

図4.7に光子エネルギーによるレイリー散乱の原子微分断面積 $d_a\sigma_R/d\theta$ の変化を，水素を例に示す．トムソン散乱の $d_a\sigma_{Th}/d\theta$ は散乱角90°を中心として対称であるのに対して，レイリー散乱の $d_a\sigma_R/d\theta$ は非対称であり，前方への散乱が優位となっている．これは，式 (4.7) と図4.6が示すように，光子エネルギーが大きいほど（波長 λ が短いほど），散乱角 θ が小さいほど，原子形状因子 $F(x, Z)$ が大きい値をとるためである．散乱角 θ が小さい場合には $F(x, Z)$ は原子番号 Z で近似でき，式 (4.6) が示すようにレイリー散乱は Z^2 に依存することになる．

4.1.3 光電吸収（photoelectric absorption）

入射光子の全エネルギーを軌道電子に与えて電子殻外に放出し，入射光子自身は完全にエネルギーを失い消滅する現象を光電吸収という．図4.8に光電吸収の過程を示す．放出された電子を**光電子**（photoelectron）と呼ぶ．入射光子エネルギー $h\nu$ の一部は結合エネルギー E_b の軌道上にある電子を電子殻外に放出することに消費されるため，光電子に与えられる運動エネルギー T は

$$T = h\nu - E_b \tag{4.8}$$

となる．

(1) 光電子の角度分布

光電子は角度分布をもち，光電子のエネルギーによって変化する．入射光子

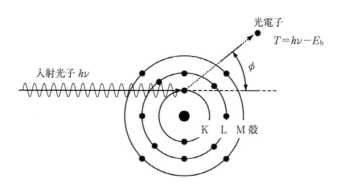

図4.8 光電吸収の過程

と光電子がなす角（反跳角）φ方向の立体角 $d\Omega$ 当たりに放出される電子数 dN は，入射光子のエネルギーが小さい範囲（$h\nu \ll 0.511$ MeV）では，次式で表される[4]．

$$\frac{dN}{d\Omega} \approx \frac{\sin^2 \phi}{(1-\beta \cos \phi)^4} \quad (4.9)$$

ここで，$\beta = v/c$ であり，v は光電子の速度，c は光速度である．相対論を導入して $dN/d\Omega$ を求める式[4]は複雑であるためここでは省略するが，その式で計算したエネルギーによる立体角当たりの光電子数の角度分布の変化を図 4.9 に示す．光電子のエネルギーが 0.01 MeV では光子の入射方向に対して 0° から 180° までの広い角度に放出され，およそ 70° 方向への光電子数が最大となる．エネルギーが大きくなるほど後方への光電子数は減少し，角度分布は前方に狭まる傾向となる．放出される全光電子数は，光子エネルギーが 0.1 MeV 近傍では原子番号 Z の 4 乗に比例して増加し，光子エネルギー $h\nu$ の 3 乗に逆比例して減少する[5]．

(2) 光電吸収の断面積

図 4.10 に水，ヨウ素（$Z=53$），バリウム（56）および鉛（82）の光電吸収の断面積を示す．光子エネルギーが大きくなると断面積は減少する傾向を示すが，エネルギーが軌道電子の結合エネルギーと等しい場合，断面積は急激に増大し不連続となる．この不連続部分を**吸収端**（absorption edge）という．同図において，ヨウ素では K 殻の 33.2 keV，バリウムでは K 殻の 37.4 keV，鉛では K，L_1，L_2，L_3 殻のそれぞれの結合エネルギー 88.0 keV，15.9 keV，15.2 keV，13.0 keV で吸収端がみられる．それぞれの吸収端は電子殻の名称から K 吸収端，L 吸収端などと呼ばれる．

吸収端を除き，相対論を考慮する必要がなく，K 殻の結合エネルギーが無視できる場合の K 殻の軌道電子に対する原子当たりの光電吸収の断面積 $_a\tau_K$ [m^2 atom^{-1}] は次式で求められる[4],[6]．

$$_a\tau_K = \frac{4\sqrt{2}}{137^4} {}_e\sigma_{Th} Z^5 \left(\frac{m_e c^2}{h\nu}\right)^{\frac{7}{2}} \quad (4.10)$$

ここで，$_e\sigma_{Th}$ はトムソン散乱断面積である．

0.1 MeV から 0.35 MeV の相対論的なエネルギー範囲での断面積 $_a\tau_K$ は次式

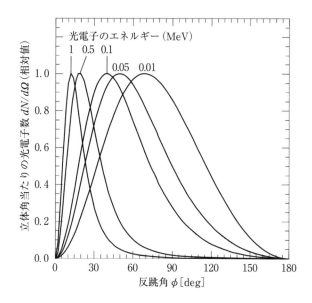

(a) 反跳角 ϕ による立体角当たりの光電子数の変化

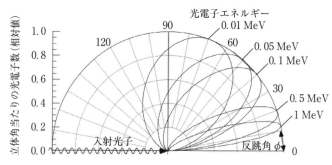

(b) 立体角当たりの光電子数の空間分布（極座標形式）

図 4.9 光電子エネルギーによる立体角当たりの光電子数の角度分布の変化

で求められる[4]．

$$_a\tau_K = \frac{3}{2}\frac{Z^5}{137^4}\,_e\sigma_{Th}\left(\frac{m_e c^2}{h\nu}\right)^5 (\gamma^2-1)^{\frac{3}{2}}\left[\frac{4}{3}+\frac{\gamma(\gamma-2)}{\gamma+1}\left(1-\frac{1}{2\gamma\sqrt{(\gamma^2-1)}}\right)\log_e\frac{\gamma+\sqrt{(\gamma^2-1)}}{\gamma-\sqrt{(\gamma^2-1)}}\right] \tag{4.11}$$

ここで

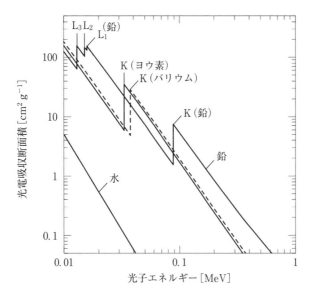

図 4.10 光子エネルギーによる光電吸収断面積の変化（水，ヨウ素，バリウム，鉛）[1),2)]

$$\gamma = \frac{1}{\sqrt{1-\beta^2}} = \frac{h\nu - E_b + m_e c^2}{m_e c^2} \quad (4.12)$$

である．さらに大きな光子エネルギーでの断面積 $_a\tau_K$ は次式で近似的に表される[4)]．

$$_a\tau_K \simeq \frac{3}{2} \frac{Z^5}{137^4} {_e\sigma_{Th}} \frac{m_e c^2}{h\nu} \quad (4.13)$$

以上の3つの式では，K殻の光電吸収の断面積 $_a\tau_K$ は原子番号 Z の5乗に比例して急激に増大することが示されている．また，光子エネルギー $h\nu$ による断面積 $_a\tau_K$ の変化は，100 keV 以下（式（4.10））では $h\nu$ の 3.5 乗に逆比例，0.1 MeV から 0.35 MeV（式（4.11））ではおよそ $h\nu$ の 2 乗に逆比例，さらに大きな光子エネルギー（式（4.12））では $h\nu$ に逆比例して減少することが示されている．K殻以外の断面積はおよそK殻の 1/5 であることが実験から示されている．

すべての電子殻に対する光電吸収の断面積を理論式で表すのは難しいが，100 keV 以下のエネルギー範囲において，原子当たりの光電吸収の断面積 $_a\tau$

[m² atom⁻¹] と光子エネルギー $h\nu$ のおよび物質の原子番号 Z との関係は次式で表すことができる．

$$_a\tau \propto \frac{Z^4}{(h\nu)^3} \quad (4.14)$$

また，質量数 A と原子番号 Z はほぼ比例関係にあるので，質量当たりの光電吸収の断面積 $_a\tau/\rho$ [m² kg⁻¹] と $h\nu$ および Z との関係は次式で表すことができる．

$$\frac{_a\tau}{\rho} \propto \frac{Z^3}{(h\nu)^3} \quad (4.15)$$

4.1.4　コンプトン散乱（Compton scattering）

入射光子が電子と衝突し，電子にエネルギーの一部を与えて反跳させ，自身は進行方向を変える（散乱する）現象をコンプトン散乱という．コンプトン散乱は相互作用前後のエネルギーが保存される弾性衝突として説明することができる．図 4.11 にコンプトン散乱前後の光子と電子の状態を示す．エネルギー $h\nu$ の光子が静止している電子，つまり静止エネルギー $m_e c^2$ をもつ電子に衝突し，入射方向に対して角度 ϕ（反跳角 ϕ）で運動エネルギー T をもつ電子を反跳させる．この**反跳電子**（recoil electron）の全エネルギー E は静止エネルギー $m_e c^2$ と運動エネルギー T の和となる．一方，入射光子は反跳電子に

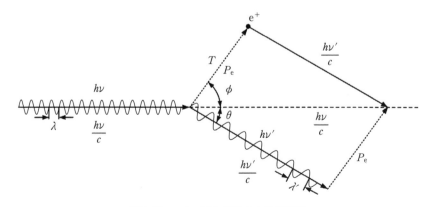

図 4.11　コンプトン散乱の力学的説明

そのエネルギーの一部を与えたため，エネルギーが $h\nu'$ に減少し，入射方向に対して角度 θ（散乱角 θ）進行方向を変えた散乱光子となる．

(1) 反跳電子と散乱光子のエネルギー

まず，コンプトン散乱前後のエネルギーは保存則から次のように表すことができる．

$$h\nu + m_e c^2 = h\nu' + (m_e c^2 + T) = h\nu' + E \tag{4.16}$$

式 (4.16) を反跳電子の全エネルギー E について解き，両辺を 2 乗すると次式のように整理できる．

$$E^2 = (h\nu - h\nu' + m_e c^2)^2 \tag{4.17}$$

次に，入射光子の運動量 $h\nu/c$ は散乱光子の運動量 $h\nu'/c$ と反跳電子の運動量 p_e の和として保存される．したがって，p_e は図 4.11 の下部分で示されている運動量の三角形から，余弦定理によって次式で求めることができる．

$$p_e^2 = \left(\frac{h\nu}{c}\right)^2 + \left(\frac{h\nu'}{c}\right)^2 - 2\left(\frac{h\nu}{c}\right)\left(\frac{h\nu'}{c}\right)\cos\theta \tag{4.18}$$

相対論ではエネルギー E と運動量 p_e との関係は，次式で表すことができる．

$$E^2 = (m_e c^2)^2 + p_e^2 c^2 \tag{4.19}$$

以上の関係から，散乱角 θ の散乱光子エネルギー $h\nu'$ は次式で求めることができる．

$$h\nu' = \frac{h\nu}{1 + \alpha(1 - \cos\theta)} \tag{4.20}$$

ここで

$$\alpha = \frac{h\nu}{m_e c^2} \tag{4.21}$$

である．

入射光子エネルギーに対する散乱角ごとの散乱光子エネルギーの変化を図 4.12 に示す．散乱角が小さい場合は式 (4.20) の分母がほぼ 1 になることから，散乱光子は入射光子とほぼ同じエネルギーをもつことになる．散乱角 θ が側方への 90°の場合，式 (4.20) の分母は $1+\alpha$ となるので，$h\nu \gg m_e c^2$ では 0.511 MeV 一定に近づくことになる．散乱光子エネルギーが最小（$h\nu'_{\min}$）となるのは入射光子の進行方向と真逆の $\theta=180°$ 方向に散乱した場合であり，次式で求められる．

$$h\nu'_{\min} = \frac{h\nu}{1 + 2\alpha} \tag{4.22}$$

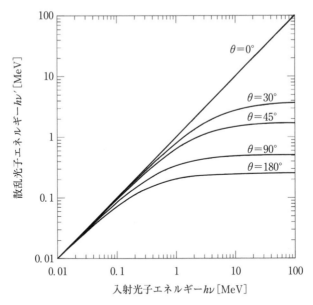

図 4.12 散乱角ごとの入射光子エネルギーによる散乱光子エネルギーの変化

入射光子エネルギーが増大すると $h\nu'_{min}$ も大きくなる傾向にあるが，式 (4.22) から $h\nu \gg m_e c^2$ では $m_e c^2/2$ となることから，入射光子エネルギーがさらに増大しても 180° 方向への散乱光子エネルギー $h\nu'$ は 0.255 MeV 一定に近づくことが予想できる．

エネルギー保存則から反跳電子の運動エネルギー T は $h\nu - h\nu'$ であるので式 (4.20) から

$$T = h\nu \frac{\alpha(1-\cos\theta)}{1+\alpha(1-\cos\theta)} \tag{4.23}$$

あるいは反跳角 ϕ から

$$T = h\nu \frac{2\alpha\cos^2\phi}{(1+\alpha)^2 - \alpha^2\cos^2\phi} \tag{4.24}$$

と解くことができる．ここで，散乱角 θ と反跳角 ϕ の関係は次式で表すことができる．

$$\cot\phi = (1+\alpha)\tan\frac{\theta}{2} \tag{4.25}$$

式（4.23）から，光子の散乱角 θ が 180° の場合（または式（4.24）では反跳角 ϕ が 0° の場合），反跳電子は次式で示される最大エネルギー T_{max} をもつことになる．

$$T_{max} = h\nu \frac{2\alpha}{1+2\alpha} \quad (4.26)$$

コンプトン散乱において反跳電子がこれ以上の運動エネルギーをもつことはないので，T_{max} は**コンプトン端**（Compton edge）と呼ばれている．

(2) コンプトン散乱の角度分布

コンプトン散乱によって散乱角 θ 方向の微小立体角 $d\Omega$ に散乱される自由電子 1 個当たりの断面積，すなわち微分断面積 $d_e\sigma/d\Omega$ [m² sr⁻¹ el⁻¹] は，次のクライン-仁科（Klein-Nishina）の式で求めることができる．

$$\begin{aligned}\frac{d_e\sigma}{d\Omega} &= \frac{r_e^2}{2}(1+\cos^2\theta)\left(\frac{h\nu}{h\nu'}\right)^2\left(\frac{h\nu}{h\nu'} - \frac{h\nu'}{h\nu} - \sin^2\theta\right) \\ &= \frac{r_e^2}{2}(1+\cos^2\theta)\left[\frac{1}{1+\alpha(1-\cos\theta)}\right]^2\left\{1 + \frac{\alpha^2(1-\cos\theta)^2}{[1+\alpha(1-\cos\theta)](1+\cos^2\theta)}\right\}\end{aligned}$$

$$(4.27)$$

ここで，r_e は古典電子半径，$r_e^2(1+\cos^2\theta)/2$ はトムソン散乱の電子微分断面積 $d_e\sigma_{Th}/d\Omega$ である．

図 4.13 に入射光子エネルギーごとに，散乱角 θ によるコンプトン散乱の電子微分断面積 $d_e\sigma/d\Omega$ の変化を示す．コンプトン散乱が生じる確率は入射光子エネルギーの増大とともに連続的に減少すること，1 MeV 以上では散乱角が大きくなるほど電子微分断面積 $d_e\sigma/d\Omega$ が連続的に減少することが示されている．また，0.01 MeV 程度では，散乱角 90°方向を中心として微分断面積の角度分布はほぼ対称となる．しかし，エネルギーが増大するとともに 180°方向への断面積は減少する．これに対して小さい散乱角での微分断面積の変化は少ないことから，MeV 領域では後方散乱は少なく，ほとんどが前方散乱となることが示されている．

式（4.27）の Klein-仁科の式を全方位角と全散乱角について積分すると，電子 1 個当たりのコンプトン散乱の全断面積（全散乱係数）$_e\sigma$ [m² el⁻¹] が得られる．

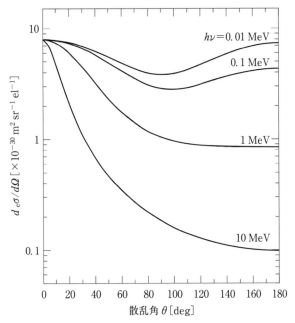

(a) 入射光子エネルギーと散乱角による $d_e\sigma/d\Omega$ の変化

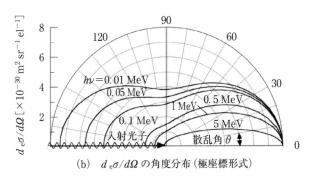

(b) $d_e\sigma/d\Omega$ の角度分布（極座標形式）

図 4.13 光子の散乱角によるコンプトン散乱の微分断面積 $d_e\sigma/d\Omega$ の変化

$$_e\sigma = \frac{3}{4}\frac{8\pi r_e^2}{3}\left\{\left(\frac{1+\alpha}{\alpha^2}\right)\left[\frac{2(1+\alpha)}{1+2\alpha} - \frac{\log_e(1+2\alpha)}{\alpha}\right] + \frac{\log_e(1+2\alpha)}{2\alpha} - \frac{1+3\alpha}{(1+2\alpha)^2}\right\}$$

(4.28)

コンプトン散乱は自由電子との相互作用と見なせることから，この式は電子

当たりの断面積は原子番号 Z に依存しないことを示している．質量数 A，アボガドロ定数 N_A から，単位質量当たりの電子数は $N_A Z/A$ である．Z/A は Z が大きくなるほど 0.5 から 0.4 へ減少するので，単位質量当たりのコンプトン散乱の断面積（質量減弱係数）は Z の増大とともにわずかながら小さくなる．

コンプトン散乱によって入射光子エネルギー $h\nu$ は，反跳電子の運動エネルギー T と散乱光子エネルギー $h\nu'$ に分け与えられる．このため，電子 1 個当たりの光子散乱の断面積 $d\,_e\sigma_s/d\Omega$ は，式 (4.27) に入射光子エネルギーに対する散乱光子エネルギーの比 $h\nu'/(h\nu)$ を乗じることによって求めることができる．

$$\frac{d\,_e\sigma_s}{d\Omega} = \frac{d\,_e\sigma}{d\Omega}\frac{h\nu'}{h\nu} = \frac{d\,_e\sigma}{d\Omega}\frac{1}{1+\alpha(1-\cos\theta)} \tag{4.29}$$

同様に，電子 1 個当たりの電子反跳の微分断面積 $d\,_e\sigma_{tr}/d\Omega$ は

$$\frac{d\,_e\sigma_{tr}}{d\Omega} = \frac{d\,_e\sigma}{d\Omega}\frac{T}{h\nu} = \frac{d\,_e\sigma}{d\Omega}\frac{\alpha(1-\cos\theta)}{1+\alpha(1-\cos\theta)} \tag{4.30}$$

で求めることができる．

(3) コンプトン散乱の断面積

式 (4.29) を全方位角と全散乱角について積分すると，電子 1 個当たりの散乱断面積（散乱係数）$_e\sigma_s\,[\mathrm{m^2\,el^{-1}}]$ が求められる．

$$_e\sigma_s = \pi\,r_e^2\left[\frac{1}{\alpha^3}\log_e(1+2\alpha) + \frac{2(1+2\alpha)(2\alpha^2-2\alpha+1)}{\alpha^2(1+2\alpha)^2} + \frac{8\,\alpha^2}{3(1+2\alpha)^3}\right] \tag{4.31}$$

また，電子 1 個当たりのエネルギー転移断面積（エネルギー転移係数）$_e\sigma_{tr}$ は，全散乱断面積 $_e\sigma$ と散乱断面積 $_e\sigma_s$ の差，$d_e\sigma_{tr} = d_e\sigma - d_e\sigma_s$ から求められる．図 4.14 に，入射光子エネルギーによるコンプトン散乱の全断面積 $_e\sigma$，散乱断面積 $_e\sigma_s$ およびエネルギー転移断面積 $_e\sigma_{tr}$ の変化を示す．コンプトン散乱の全断面積 $_e\sigma$ および散乱断面積 $_e\sigma_s$ はエネルギーの増加とともに連続的に減少する．一方，エネルギー転移断面積 $_e\sigma_{tr}$ は入射光子エネルギーとともに増加し，0.5 MeV 近傍で極大となりその後エネルギーが大きくなるにつれて減少する傾向となる．

エネルギー $h\nu$ をもつ入射光子によって反跳電子に与えられる平均エネルギー $\overline{T}$ および散乱光子の平均エネルギー $\overline{h\nu'}$ は，それぞれ全断面積 $_e\sigma$ に対する

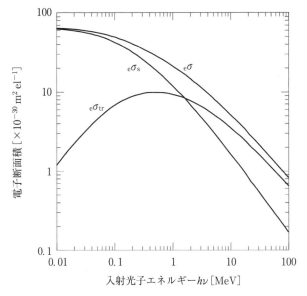

図 4.14 入射光子エネルギーによるコンプトン散乱の全面積（$_e\sigma$），散乱断面積（$_e\sigma_s$）およびエネルギー転移断面積（$_e\sigma_{tr}$）の変化

エネルギー転移断面積の比 $_e\sigma_{tr}$，または散乱断面積 $_e\sigma_s$ の比となる．

$$\frac{\overline{T}}{h\nu} = \frac{_e\sigma_{tr}}{_e\sigma} \tag{4.32}$$

$$\frac{\overline{h\nu'}}{h\nu} = \frac{_e\sigma_s}{_e\sigma} \tag{4.33}$$

　図 4.15 に入射光子エネルギー $h\nu$ に対する散乱光子エネルギー $h\nu'$ と反跳電子エネルギー T の比の変化を示す．入射光子エネルギーが 0.01 MeV では散乱光子が 98％以上のエネルギーをもつが，エネルギーが増大するとともに反跳電子に与えられるエネルギーが増加する．1.5 MeV 近傍で散乱光子と反跳電子の平均エネルギーはほぼ等しくなる．さらにエネルギーが大きくなるとともに反跳電子に与えられるエネルギーの割合はさらに増加し，100 MeV ではおよそ入射光子エネルギーの 80％は運動エネルギーとして反跳電子に転移されることが示されている．

　ここまでは，コンプトン散乱は光子と静止している自由電子との相互作用と

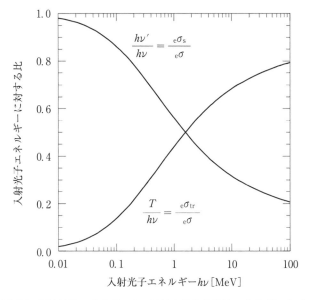

図 4.15　入射光子エネルギー $h\nu$ に対する散乱光子エネルギー $h\nu'$ および反跳電子エネルギー T の比の変化

して取り扱ってきた．しかし，実際には電子殻上の電子は結合エネルギーで束縛されているため，コンプトン散乱で運動エネルギーを得てもすべてが電子殻から放出されるとは限らない．このため，反跳電子となる確率を考慮する必要がある．式 (4.18) から電子に与えられる運動量 p_e は次式となる．

$$p_e = \sqrt{\left(\frac{h\nu}{c}\right)^2 + \left(\frac{h\nu'}{c}\right)^2 - 2\left(\frac{h\nu}{c}\right)\left(\frac{h\nu'}{c}\right)\cos\theta} \quad (4.34)$$

入射光子エネルギー $h\nu$ が小さく，電子の運動量 p_e が小さい場合には，$h\nu' \simeq h\nu$ となるので，式 (4.34) から，p_e は次のように近似できる．

$$p_e \simeq \frac{h\nu}{c}\sqrt{2(1-\cos\theta)} = \frac{h\nu}{c}\sqrt{4\sin^2\frac{\theta}{2}} = \frac{2h\nu}{c}\sin\frac{\theta}{2} \quad (4.35)$$

ここで，$\nu/c = 1/\lambda$，$x = \sin(\theta/2)/\lambda$ とすると，$p_e \simeq 2hx$ のように置き換えられる．すなわち，反跳電子として放出される確率は入射光子の波長 λ と散乱角 θ に依存し，結合エネルギーに関係することから物質の原子番号 Z にも依存する．この確率は非干渉性散乱関数（incoherent scattering function）と呼ばれ，

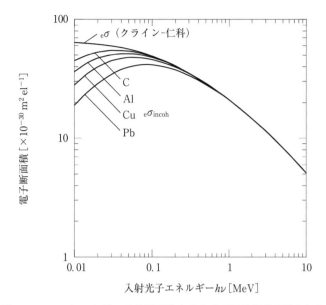

図4.16 クライン-仁科の電子断面積（$_e\sigma$）と非干渉性関数を導入した電子断面積（$_e\sigma_{incoh}$）の比較（炭素，アルミニウム，銅，鉛の例）

記号 $S(x, Z)$ で表される．したがって，非干渉性散乱関数を考慮した場合のコンプトン散乱の微分断面積 $d\,_e\sigma_{incoh}/d\Omega$ は，クライン-仁科の微分断面積 $d\,_e\sigma/d\Omega$ と非干渉性散乱関数 $S(x, Z)$ から次式で求められる．

$$\frac{d\,_e\sigma_{incoh}}{d\Omega} = \frac{d\,_e\sigma}{d\Omega} S(x, Z) \tag{4.36}$$

図4.16に炭素，アルミニウム，銅および鉛を例として，クライン-仁科によるコンプトン散乱の全面積 $_e\sigma$ と非干渉性散乱関数を導入した断面積 $_e\sigma_{incoh}$[3] の光子エネルギーによる変化を比較して示す．入射光子エネルギー 0.1 MeV 以下では，Z が大きいほど $_e\sigma_{incoh}$ は $_e\sigma$ より小さい．しかし，0.5 MeV 以上では $_e\sigma$ と同じ値となり，原子番号による断面積の変化は無視できるようになる．

4.1.5 電子対生成（electron pair production）・三対子生成（triplet production）

光子が原子核の近傍を通過する場合，原子核がつくる電磁場との相互作用によって1対の電子と陽電子を発生させ，同時に光子自身は消滅する現象を電子

対生成という．また，光子が軌道上上にある電子の電磁場との相互作用によって1対の電子と陽電子を発生させ，さらにその電子を反跳させて，光子自身は消滅する現象を三対子生成という．

(1) 電子対生成・三対子生成のしきいエネルギー

図4.17に，電子対生成および三対子生成の過程を示す．相互作用の前後では常にエネルギー E および運動量 p が保存される．すなわち

$$E^2 - p^2 c^2 = 不変 \tag{4.37}$$

が常に成立しなければならない．ここで，c は光速度である．

電子対生成は質量 m_a の原子核との相互作用であり，相互作用前の全エネルギーは光子エネルギー $h\nu$ と原子核の静止エネルギー $m_a c^2$ の和，$h\nu + m_a c^2$ である．また，光子の運動量は $h\nu/c$ である．電子対生成では質量 m_e の電子と陽電子の1対が生成するので，質量中心の座標系で考えると相互作用後の運動量は0，エネルギーは $m_a c^2 + 2m_e c^2$ となる．電子対生成が発生するためには式（4.37）の条件から

$$(h\nu + m_a c^2)^2 - \left(\frac{h\nu}{c}\right)^2 c^2 = (m_a c^2 + 2m_e c^2)^2 - 0 \tag{4.38}$$

が成立しなければならない．したがって，電子対生成が発生する最小の光子エネルギー $(h\nu)_{\text{th}}$ は

$$(h\nu)_{\text{th}} = 2m_e c^2 \left(1 + \frac{m_e c^2}{m_a c^2}\right) \tag{4.39}$$

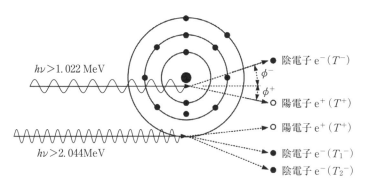

図4.17 電子対生成および三対子生成の過程

となる．原子核の質量 m_a に比べて電子の質量 m_e に非常に小さく $m_e/m_a=0$ と見なせることから，光子エネルギー $h\nu$ が $2m_e c^2$ （1.022 MeV）が電子対生成のしきいエネルギーとなる．

一方，三対子生成は軌道電子との相互作用であり，相互作用前の全エネルギーは光子エネルギー $h\nu$ と電子の静止エネルギー $m_e c^2$ の和，$h\nu+m_e c^2$ である．三対子生成では相互作用後，1つの電子が軌道上から放出され，さらに電子と陽電子の1対が生成するので，質量中心の座標系では相互作用後の運動量は0，エネルギーは $3m_e c^2$ となる．式（4.37）の条件から

$$(h\nu+m_e c^2)^2-\left(\frac{h\nu}{c}\right)^2 c^2=(3m_e c^2)^2-0 \tag{4.40}$$

が成立しなければならず，三対子生成が発生する最小の光子エネルギー $(h\nu)_{th}$ は

$$(h\nu)_{th}=4m_e c^2 \tag{4.41}$$

となり，2.044 MeV が三対子生成のしきいエネルギーとなる．

(2) 電子対生成・三対子生成後の電子の運動エネルギー

原子核の質量は電子の質量に比べて非常に大きいので，原子核に与えられる運動エネルギーは無視できる．したがって，電子対生成では入射光子エネルギー $h\nu$ のすべては電子対生成と生成される電子と陽電子の運動エネルギー（T_{e-} と T_{e+}）に費やされると考えることができ，次式のようにエネルギーの保存が成立する．

$$T_{e-}+T_{e+}=h\nu-2m_e c^2 \tag{4.42}$$

上式から電子または陽電子の平均の運動エネルギー $\overline{T}_{pair}$ は

$$\overline{T}_{pair}=\frac{h\nu-2m_e c^2}{2} \tag{4.43}$$

となり，電子または陽電子に与えられる運動エネルギーの分布はほぼ等しくなる．

三対子生成では，2つの電子と1つの陽電子に与えられる平均の運動エネルギー $\overline{T}_{triplet}$ は

$$\overline{T}_{triplet}=\frac{h\nu-2m_e c^2}{3} \tag{4.44}$$

となるが，1つの電子がもつ運動エネルギー T には次式に示す限界が存在する．

$$T = \frac{\alpha^2 - 2\alpha - 2 \pm \alpha\sqrt{\alpha(\alpha-4)}}{2\alpha + 1} m_e c^2 \tag{4.45}$$

三対子生成のしきいエネルギー $h\nu = 4m_e c^2$ の場合，上式は $T = (2m_e c^2)/3$ となる．これは電子対の生成に $2m_e c^2$ が費やされ，残りのエネルギー $2m_e c^2$ は3つの電子の運動エネルギーとして均等に分割されることを示している．

(3) 電子対生成・三対子生成の断面積

電子対生成の原子断面積 $_a\kappa\,[\mathrm{m}^2\,\mathrm{atom}^{-1}]$ を求める理論式は一般に次式で表されている．

$$_a\kappa = \frac{r_e^2 Z^2}{137} P(\alpha, Z) \tag{4.46}$$

ここで，r_e は古典電子半径，Z は原子番号，$\alpha = h\nu/(m_e c^2)$ である．$P(\alpha, Z)$ は光子エネルギー範囲（$1 \ll \alpha \ll 137/Z^{1/3}$）で次の近似式が提案されている．

$$P(\alpha, Z) = \frac{28}{9} \log_e 2\alpha - \frac{218}{27} \tag{4.47}$$

また，三対子生成の原子断面積 $_a\pi\,[\mathrm{m}^2\,\mathrm{atom}^{-1}]$ については，次の近似式が提案されている．

$$_a\pi = \frac{r_e^2 Z}{137} \left(\frac{28}{9} \log_e 2\alpha - 11.3 \right) \tag{4.48}$$

以上から，電子対生成の原子断面積 $_a\kappa$ は原子番号の2乗 Z^2 に，三対生成の原子断面積 $_a\pi$ は Z に比例する．また，電子対生成に対する三対生成の原子断面積比の $_a\pi/_a\kappa$ は次式となる．

$$\frac{_a\pi}{_a\kappa} = \frac{1}{\eta Z} \tag{4.49}$$

図 4.18 に炭素，アルミニウム，銅および鉛を例に，電子対生成および三対子生成の原子断面積を示す．炭素および鉛の断面積の比 $_a\pi/_a\kappa$ 比は，$h\nu = 10$ MeV では 0.09 および 0.01，$h\nu = 100$ MeV では 0.16 および 0.01 である．すなわち，式 (4.49) が示すとおり，Z が大きいほど電子対生成に対する三対子生成が発生する確率は小さいことがわかる．また，係数 η は光子エネルギーが小さい場合には1より大きい値をとるが，100 MeV 近傍では1に近い値を

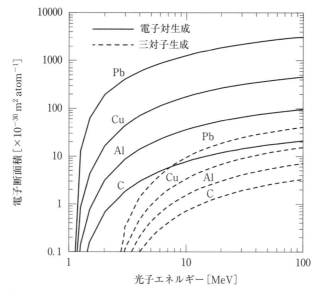

図 4.18　電子対生成および三対子生成の原子断面積(炭素,アルミニウム,銅,鉛)

とるようになり，さらに光子エネルギーが大きくなるほど一定の値，およそ 0.85 に近づく．

4.1.6　光核反応（photonuclear reaction）

光（ひかり）核反応は，光子が原子核にエネルギーを与えて励起させ，励起された原子核から中性子，陽子，ヘリウム核（α 粒子）などが放出される現象の総称である．中性子が放出される反応は（γ, n），陽子が放出される反応は（γ, p）のように表記される．

(1)　光核反応のしきいエネルギー

光核反応の発生には核子の結合エネルギー以上の光子エネルギーが必要であるため，しきいエネルギーが存在する．図 4.19 に原子番号による（γ, n）および（γ, p）反応のしきいエネルギーの変化を示す．核子の結合エネルギーは陽子と中性子，さらにその数の組み合わせで異なる．このため，しきいエネルギーは同位体ごとに異なるが，原子番号が増大するほどしきいエネルギーは減少する．また，原子核内でのクーロン斥力のため，一般的には（γ, p）反応のし

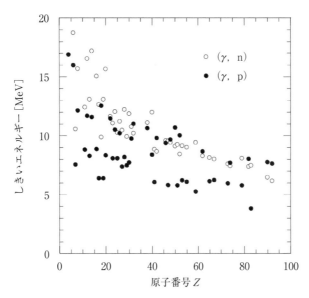

図 4.19 原子番号による光核反応しきいエネルギーの変化[10]
(最も天然存在比の大きい同位体についてプロット)

表 4.1 各種金属の(γ, n)と(γ, p)反応のしきいエネルギー[10]
(電子リニアックなどで使用される金属の例)

同位体	原子番号	天然存在比 [%]	しきいエネルギー [MeV]	
			(γ, n)	(γ, p)
^{27}Al	13	100	13.1	8.3
^{56}Fe	26	91.7	11.2	10.2
^{58}Ni	28	68.1	12.2	8.2
^{65}Cu	29	100	9.9	7.5
^{64}Zn	30	48.6	11.9	7.7
^{182}W	74	26.5	8.1	7.1
^{184}W	74	30.6	7.4	7.7
^{186}W	74	28.4	7.2	8.4
^{197}Au	79	100	8.1	5.8
^{208}Pb	82	52.4	7.4	8.0

きいエネルギーは(γ, n)反応のしきいエネルギーより小さい．およそ原子番号 50 以上の元素では，10 MeV 程度で光核反応が発生する．このため電子リニアックでは照射ヘッドからの中性子に対する遮へいと中性子照射による放射

化や，核子が放出された後の元素が放射性となる問題が生じる．表4.1に電子リニアックで使用される各種金属の天然存在比，（γ, n）および（γ, p）反応のしきいエネルギーを示す．たとえば10 MeV以上のX線を発生する電子リニアックのターゲットやフラットニングフィルタの材質として，しきいエネルギーが7 MeVから8 MeVで中性子の発生が多い金やタングステンより，しきいエネルギーが9.9 MeVの銅が選択されることが多い．

(2) 光核反応の断面積

図4.20に銅（^{56}Cu）を例に，光子エネルギーによる光核反応の原子核当たりの断面積の変化を示す．^{56}Cuの（γ, n）反応のしきいエネルギーは9.9 MeVであり，光子エネルギーが増大するほど断面積は増加する．17 MeV近傍で（γ, n）反応の断面積は極大を示し，19 MeV近傍で（γ, 2n）反応の断面積が加わることによって再び極大となり，それ以上の光子エネルギーでは緩やかに減少している．このように広いエネルギー範囲で大きな断面積をもつ現象は巨大共鳴と呼ばれている．さらに光子エネルギーが40 MeV以上では，1光子に対して複数個の中性子が放出される（γ, xn）反応の断面積が積算されて断面積

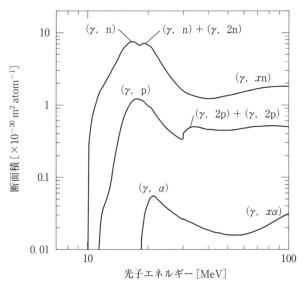

図4.20 光子エネルギーによる光核反応断面積の変化[11]（^{56}Cuの例）

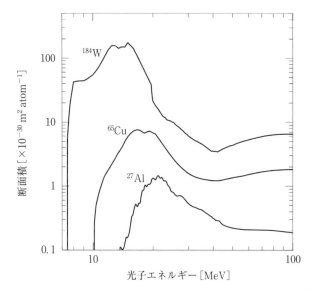

図 4.21 質量数と光子エネルギーによる (γ, xn) 反応断面積の変化[11]

は緩やかに増加する傾向を示している．($\gamma,$ n)，($\gamma,$ p) および (γ, xn) 反応を比較すると，($\gamma,$ n) 反応が大きな断面積をもつことが示されている．

図 4.21 にアルミニウム (^{27}Al)，銅 (^{65}Cu)，タングステン (^{184}W) を例に，光核反応により中性子が放出されるすべての反応 (γ, xn) の光子エネルギーによる原子核当たりの断面積の変化を示す．質量数（原子番号）が大きいほどしきいエネルギーと断面積が極大となるエネルギーが小さい．また，質量数が大きいほど大きな断面積をもつことが示されている．

4.1.7 光子束の減弱とエネルギーの転移

(1) 質量減弱係数と線減弱係数

これまでの説明では，相互作用の確率を 1 原子当たりの断面積（原子断面積），または 1 電子当たりの断面積（電子断面積）として，微視的（ミクロ）断面積で説明してきた．しかし，一般的には単位質量当たりの断面積として用いることが多い．

原子番号 Z，モル質量 M の同位体において，単位質量当たりに存在する原

子数 N_{atom} と電子数 $N_{electron}$ はそれぞれ次式で求められる．

$$N_{atom} = \frac{N_A}{M} \tag{4.50}$$

$$N_{electron} = \frac{N_A Z}{M} \tag{4.51}$$

ここで，N_A はアボガドロ定数（$N_A = 6.022140857 \times 10^{23}\,\mathrm{mol}^{-1}$）である．

たとえば，原子断面積 $_a\tau\,[\mathrm{m^2\,atom^{-1}}]$ で表された光電吸収の単位質量当たりの断面積 $_m\tau$ は

$$_m\tau = {_a\tau}\,N_{atom} = \frac{{_a\tau}\,N_A}{M} \tag{4.52}$$

また，電子断面積 $_e\sigma_{Th}\,[\mathrm{m^2\,electron^{-1}}]$ で表されたトムソン散乱の単位質量当たりの断面積 $_m\sigma_{Th}$ は

$$_m\sigma_{Th} = {_e\sigma_{Th}}\,N_{electron} = \frac{{_e\sigma_{Th}}\,N_A Z}{M} \tag{4.53}$$

のように，それぞれ原子断面積に単位質量当たりの原子数，または電子断面積に単位質量当たりの電子数を乗じることによって求めることができる．

1つの入射光子が物質と相互作用する場合，干渉性散乱，光電吸収，コンプトン散乱，電子対生成，三対子生成または光核反応のいずれか1つの相互作用のみが発生する．したがって，単位質量当たりの全断面積，**質量減弱係数**（mass attenuation coefficient）μ/ρ は次式に示すようにそれぞれの質量当たりの断面積 $_m\sigma$，$_m\tau$，$_m\sigma_{incoh}$，$_m\pi$，$_m\kappa$ の和となる（ここでは光核反応は省略した）．

$$\frac{\mu}{\rho} = {_m\sigma} + {_m\tau} + {_m\sigma_{incoh}} + {_m\pi} + {_m\kappa} \tag{4.54}$$

質量減弱係数 μ/ρ の単位は $\mathrm{m^2\,kg^{-1}}$ または $\mathrm{cm^2\,g^{-1}}$ であり，$\mathrm{cm^2\,g^{-1}} = 0.1\,\mathrm{m^2\,kg^{-1}}$ の関係にある．質量減弱係数 $(\mu/\rho)_i$ の元素で構成され，それぞれの重量比が w_i である物質の質量減弱係数 μ/ρ は次式で求めることができる．

$$\frac{\mu}{\rho} = \sum_i w_i \left(\frac{\mu}{\rho}\right)_i \tag{4.55}$$

同じ物質であっても温度や気圧，気体，液体，固体などの状態が存在するため，相互作用の全断面積は密度による変化が小さい質量減弱係数で与えられる

ことが多い．

単位長さ当たりの相互作用の確率を求める場合，**線減弱係数**（linear attenuation coefficient）μ が用いられる．線減弱係数 μ は質量減弱係数 μ/ρ [cm^2 g^{-1}] と物質の密度 ρ [g cm^{-3}] の積によって求めることができる．したがって，線減弱係数 μ は単位体積当たりの断面積 [cm^2 cm^{-3}] と考えることができ，単位は cm^{-1} である．

(2) 光子束の減弱

線減弱係数 μ の物質に N 個の光子が入射し，ごく短い長さ Δl を通過する場合に相互作用する光子数 ΔN は次式で求めることができる（図 4.22 (a)）．

$$\Delta N = N\mu \Delta l \qquad (4.56)$$

相互作用によって光子数は減少し，その変化 dN/N は次の微分方程式で表すことができる．

$$\frac{dN}{N} = -\mu\, dl \qquad (4.57)$$

したがって，入射光子数 N_0 に対する長さ l 通過後の光子数 N_l の比 N_l/N_0 は，

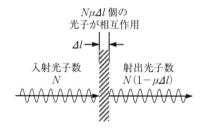

(a) ごく短い長さ Δl を通過する光子の減弱

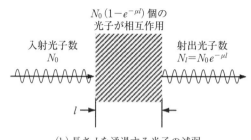

(b) 長さ l を通過する光子の減弱

図 4.22　相互作用による光子数の変化

通過する長さ 0 から l までの積分で求めることができる（図 4.22(b)）.

$$\int_{N_0}^{N_l}\frac{dN}{N}=\int_0^l -\mu\,dl$$

$$[\log_e N]_{N_0}^{N_l}=[-\mu l]_0^l$$

$$\log_e\frac{N_l}{N_0}=-\mu l$$

$$\frac{N_l}{N_0}=e^{-\mu l} \tag{4.58}$$

上式のとおり，物質との相互作用による光子数の減弱は指数関数で表すことができる．

1つの光子が相互作用するまでに通過する平均の長さを**平均自由行程**（mean free path）という．平均自由行程 l は線減弱係数 μ の逆数に等しい．

$$l=\frac{1}{\mu} \tag{4.59}$$

平均自由行程 l を通過すると入射光子数は $1/e$ に減少する．

(3) 質量エネルギー転移係数と質量エネルギー吸収係数

光子が入射した場合，物質中の電子を反跳させ，その電子が物質を電離することによって物質にエネルギーを与える．このため，電子に与えられる平均の運動エネルギーを求める目的で**質量エネルギー転移係数**（mass energy transfer coefficient）μ_{tr}/ρ が用いられる．放射エネルギー R をもつ入射光子が密度 ρ の物質中を長さ dl 通過する間に相互作用によって電子に転移される平均エネルギーを dR_{tr} として，質量エネルギー転移係数 μ_{tr}/ρ は次式で定義されている[12]．

$$\frac{\mu_{tr}}{\rho}=\frac{1}{\rho\,dl}\frac{dR_{tr}}{R} \tag{4.60}$$

電子を反跳させる相互作用は，干渉性散乱を除いた光電吸収，コンプトン散乱，電子対生成，三対子生成に限られる．光電吸収では特性 X 線の平均エネルギー $(h\nu)_x$，コンプトン散乱では散乱光子の平均エネルギー $h\nu'$ と特性 X 線の平均エネルギー $(h\nu)_x$ が電子へのエネルギー転移に関与しない．また，電子対生成では2つの消滅光子のエネルギー $2m_e c^2$（1.022 MeV），三対生成では2つの消滅光子のエネルギー $2m_e c^2$ と特性 X 線の平均エネルギー $(h\nu)_x$ が

電子へのエネルギー転移に関与しない．以上から，質量エネルギー転移係数 μ_{tr}/ρ は次式から求められる．

$$\frac{\mu_{\mathrm{tr}}}{\rho} = {}_m\tau\left(\frac{h\nu-(h\nu)_{\mathrm{X}}}{h\nu}\right) + {}_m\sigma_{\mathrm{incoh}}\left\{\frac{h\nu-[h\nu'+(h\nu)_{\mathrm{X}}]}{h\nu}\right\}$$
$$+ {}_m\pi\left(\frac{h\nu-2m_ec^2}{h\nu}\right) + {}_m\kappa\left\{\frac{h\nu-[2m_ec^2+(h\nu)_{\mathrm{X}}]}{h\nu}\right\} \quad (4.61)$$

ただし，電子と物質との相互作用には放射過程があり，発生した制動X線によって注目している点の外へ一部のエネルギーがもち出される．このため，物質へのエネルギー付与を算出するための質量エネルギー吸収係数 μ_{en}/ρ は，放射過程によって失われる電子のエネルギーの割合を g として，次の式で求められる．

$$\frac{\mu_{\mathrm{en}}}{\rho} = \frac{\mu_{\mathrm{tr}}}{\rho}(1-g) \quad (4.62)$$

図4.23に水と鉛を例に，光子エネルギーによる質量減弱係数と質量エネル

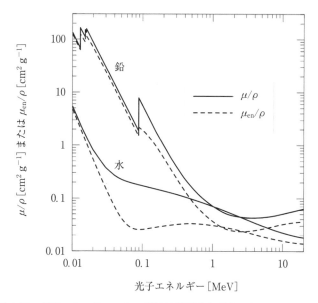

図4.23 光子エネルギーによる質量減弱係数と質量エネルギー吸収係数の変化

ギー吸収係数の変化を示す．光電吸収が優位な光子エネルギーの範囲では光子のエネルギーはすべて光電子に与えられること，光電子エネルギーが小さいことから放射損失も小さく質量減弱係数と質量エネルギー吸収係数は近い値をもっている．コンプトン散乱では光子エネルギーが散乱光子と反跳電子に分割されること，反跳電子のエネルギーが大きくなると放射損失も大きくなることなどから，コンプトン散乱が優位な光子エネルギーの範囲では質量減弱係数と質量エネルギー吸収係数の差は大きくなることが示されている．

4.2 電　　子

電子（electron）は，我々にとって最も身近な素粒子（それ以上小さな単位に分けることのできない粒子）であるといえる．電子は，1.6021766208（98）×10^{-19} [C] の負の電荷（素電荷）をもち，m_0=9.10938356(11)×10^{-31} [kg] の静止質量を有している[13]．すべての素粒子には反粒子が存在しており，電子の場合は**陽電子**（positron）である．陽電子は，質量やスピン角運動量，電荷の絶対量は電子と同じであるが，電荷の符号が逆で正電荷をもっている．

電子（あるいは陽電子）における粒子性と波動性の両性質の関係は，粒子としての**運動エネルギー**（kinetic energy）を T，波動としての波長を λ（**ド・ブロイ波長**：de Broglie wavelength）とするとき

$$\lambda = \frac{h}{\sqrt{2m_0 T}} \left(1 + \frac{T}{2m_0 c^2}\right)^{-\frac{1}{2}} \tag{4.63}$$

で表される[*1]．この式からわかるように，運動エネルギー T が大きくなるにつれて波長 λ は短くなる．また，T が電子の静止質量エネルギー（$m_0 c^2$=0.511 [MeV]）に比べて十分小さいとき（<数 10 keV）には，（　）$^{-1/2}$ の因子は 1 と近似することができ，プランク定数 h や電子の静止質量 m_0 および真

---

*1　ド・ブロイ波の波長 λ は，電子の速度を v，運動中の質量を m とすると，$\lambda = h/mv$ となる（ド・ブロイの関係式）．電子の全エネルギー $mc^2 = m_0 c^2 + T$ と $m = m_0/\sqrt{1-(v/c)^2}$ から mv を求め，ド・ブロイの関係式に代入することによって，式（4.63）が得られる．なお，h はプランク定数 6.626070040(81)×10^{-34} [Js] であり，c は真空中の光速度 2.99792458×10^8 [ms^{-1}] である[13]．

空中の光速 c の値を代入することにより，以下の近似的な式を得る（非相対論的関係式）．

$$\lambda\,[\mathrm{nm}] \cong \frac{1.226}{\sqrt{T\,[\mathrm{eV}]}} \qquad (4.64)$$

なおこの式では，波長を nm 単位，運動エネルギーを eV 単位としていることに注意されたい．

以上のとおり，電子は波動性を有しているが，その波は電子の存在確率を与えるもの（ただし波の絶対値の二乗が）であり（確率波と呼ばれる）実体を表すものではない．しかし，電子の位置にある程度の不確かさを許せば，電子の運動はその不確かさの広がりをもった確率波の**波束**（空間的に局在した波：wave packet）で表され，その波束の重心の運動は，電子が古典力学に従うとしたときの運動に一致することが知られている（Ehrenfest の定理）．よって以下の記載では，電子を粒子として扱うこととし，電子線とは，そうした電子（あるいは陽電子）の速度をもった流れ（流束）であると考えて話を進めることとする．

電子線が物質に入射すると，物質中原子と相互作用を起こし，エネルギーを失っていく．そして最終的には物質温度と同程度の熱的エネルギー状態となって内部に留まると考えられる（図 4.24 上側）．

入射電子が物質中原子内で相互作用する標的（ターゲット）は，原子を構成している原子核と軌道電子である．図 4.24 下側は，原子の古典的モデルに基づいた概念図である．入射電子が高速（高エネルギー）のときには，核外の軌道電子雲を透過し，原子核近傍に到達しうる．その際に，原子核とのクーロン衝突で急激に進行方向が変わると電磁波（制動 X 線）が発生する（図 4.24 (c)）．一方，入射電子が内殻の軌道電子とクーロン衝突し，軌道電子を原子外へ弾き飛ばすと，内殻軌道に空孔ができる．そこへ外殻軌道電子が遷移することによって，軌道準位のエネルギー差分に相当するエネルギーをもつ電磁波（特性 X 線）が放出される（図 4.24 (d)）．

電磁波が生まれるこうした現象の他，最外殻軌道電子との衝突による電離（図 4.24 (b))，励起（図 4.24 (a))，弾性散乱過程なども高い確率で起こり，低エネルギー電子では圧倒的にそれらが支配的になる．軌道電子との衝突が主

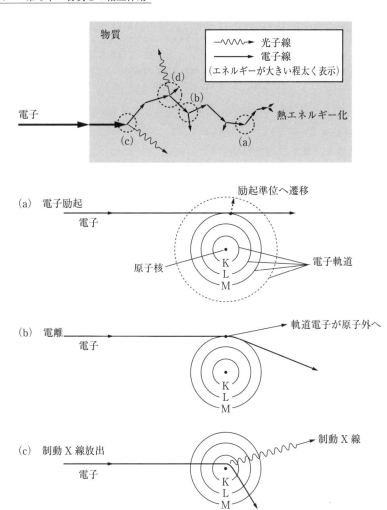

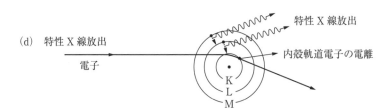

図 4.24 電子と物質中原子との相互作用（エネルギー損失を伴う主たる過程）

となる比較的低エネルギーの電子の過程では，その起こりやすさを示す量として衝突（もしくは相互作用）断面積が用いられ，通常，軌道電子当たりではなく，原子や分子当たりの大きさで表される．またその際，より細密に衝突過程を記述できるよう，電離や励起，弾性散乱などの効果を分離した電子衝突断面積が用いられる．

電子と物質中原子との相互作用：
- 弾性散乱，電離，励起（電子励起，振動励起，回転励起），電子付着
- 高速電子では以下の過程が起こりやすい
  原子核とのクーロン散乱⇒制動 X 線放出
  軌道電子とのクーロン散乱→内殻電子放出→外殻電子の遷移⇒特性 X 線放出

衝突断面積（collision cross section）は，**相互作用断面積**（interaction cross section）とも呼ばれ，衝突の起こりやすさを表し，入射粒子からみた標的の二次元的射影像の大きさになぞらえた面積の単位で表現される量である．いま，標的当たりの衝突断面積を σ とし，衝突後に粒子が入射方向軸に関して ϕ の角度に散乱されるものとするとき（図 4.25），ϕ を**散乱角**（scattering angle）と呼ぶ．一般に散乱確率は，この散乱角に依存して異なるが入射方向軸の周りに対しては軸対称と見なすことができる．図中に描いた円を半径 1 の球とし，塗りつぶし部分をオニオンリング状に切り出した球の表面積の一部と考

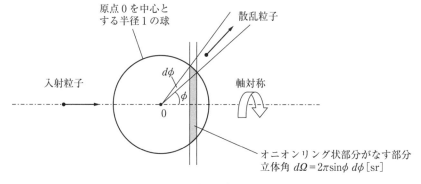

図 4.25　散乱方向の模式図

えると，これは散乱角が ϕ と $\phi+d\phi$ の間の方向へ散乱する際の部分立体角（単位は sr）を示すことになる．これを $d\Omega$ と記すことにすると $d\Omega=2\pi\sin\phi\,d\phi$ となる．この部分立体角方向への散乱断面積の割合は $d\sigma/d\Omega$ と書くことができ，**微分断面積**（DCS：differential cross section）と呼ぶ．衝突粒子は必ずいずれかの方向へ散乱されるとすると，全立体角についての積分で σ になるべきだから

$$\sigma=\int\frac{d\sigma}{d\Omega}d\Omega=2\pi\int_0^\pi\frac{d\sigma}{d\Omega}\sin\phi\,d\phi \tag{4.65}$$

である．

物質中原子当たりの衝突断面積を $\sigma[\mathrm{cm}^2]$，原子の数密度を $N[\mathrm{cm}^{-3}]$ とするとき

$$\mu=\sigma N\ [\mathrm{cm}^{-1}] \tag{4.66}$$

は，粒子が物質中を進むときの単位長さ当たりに衝突を起こす平均回数を表すこととなり，これを**巨視的断面積**（macroscopic cross section）あるいは**減弱係数**（attenuation coefficient）などと呼ぶ．衝突がエネルギー損失を伴うものであれば，その損失分を乗ずることによって，単位進行長当たりのエネルギー損失，すなわち後述する**阻止能**（stopping power）と等価になる．

以下に，電子（あるいは陽電子）の広いエネルギー範囲にわたっての主要な相互作用について具体的に記す．

4.2.1 弾性散乱

弾性散乱（elastic scattering）は，衝突の前後で，衝突した粒子同士の総和エネルギー（運動エネルギー）の変化を伴わない相互作用過程である．物質へ入射した電子が衝突する相手（標的）として物質を構成する原子の1つを考えるとき，この過程は電子と原子の二体衝突と考えればよい．これは，原子核を軌道電子で取り囲まれている原子に比較的低エネルギーの電子が入射する際に，軌道に分布するマイナスの電荷をもつ電子群と反発し合って起こる現象と見なすことができる．

弾性衝突によって電子から標的原子に移行する運動エネルギーを計算してみよう．単純なモデルとして，電子は静止した原子に一直線上で衝突（**正面衝突**

head-on collision）するものとする．電子の質量を m，標的原子の質量を M として，それらの速度を，それぞれ v および V として，衝突後の速度にはプライム「'」を付けることにする．いま，入射電子が相対論的効果を考えなくともよい速度 v をもつと仮定すると，エネルギー保存則より

$$\frac{1}{2}mv^2 = \frac{1}{2}mv'^2 + \frac{1}{2}VM'^2 \tag{4.67}$$

運動量保存則より

$$mv = mv' + MV' \tag{4.68}$$

が成り立つ．これらより v' を消去することによって

$$\frac{1}{2}MV'^2 = \frac{1}{2}mv^2 \cdot \frac{4mM}{(m+M)^2} \tag{4.69}$$

が得られ，標的原子に移行するエネルギーは，入射電子エネルギーの $4mM/(m+M)^2$ 倍であることが導かれる．これは，弾性衝突での最大移行エネルギーといえる[*1]が，m は M の数千から数万分の一であるため（$m \ll M$），$4m/M$ 倍と近似することができ，ごくわずかしかエネルギーは移行されないことがわかる．質量比は，たとえば標的原子が最も小さい水素原子（H）であったとしても，電子の約 1840 倍におよび，電子を仮に 2.7 g のピンポン玉とするとき，水素原子は 11 ポンド [lb] 程度のボウリング玉に相当する．

このように，電子と物質中原子との弾性衝突を考える場合には，電子からの運動エネルギー移行（反跳エネルギーと呼ばれる）は非常に小さい．しかし，電子は散乱により大きく方向が変わり得る．よって，式 (4.65) で示した微分断面積（$d\sigma/d\Omega$）が特に重要となり，入射電子のエネルギーごとにその値を考慮する必要がある．一般に高エネルギーの場合には前方（すなわち散乱角 ϕ が小さい方向）への散乱確率が高い．

4.2.2 非弾性散乱

非弾性散乱（inelastic scattering）は，衝突前後で標的粒子の内部エネルギ

[*1] 一般に，入射粒子が衝突後に（入射方向軸に対し）角度 ϕ 方向に散乱される場合には，式 (4.69) は，$\frac{1}{2}MV'^2 = \frac{1}{2}mv^2 \cdot \frac{4mM}{(m+M)^2}\cos^2\phi$ となる．

ーが変化する相互作用過程である．電子と原子・分子との非弾性衝突過程は，原子・分子が励起される過程（excitation）と電離される過程（ionization）から成る．励起や電離を生じさせるためには，入射する電子は，それぞれ励起エネルギーや電離エネルギーよりも大きな運動エネルギーをもっていなくてはならない．励起エネルギーは，**基底状態**（ground state）の軌道電子を上位準位の**励起状態**（excited state）へ押し上げるのに必要なエネルギーであり，軌道準位間のエネルギー差に等しい．なお，分子の励起衝突過程には，電子軌道が上位の軌道準位に遷移する過程（electronic excitation）の他，振動励起（vibrational excitation）や回転励起（rotational excitation）がある．一方，電離エネルギーは，原子核とのクーロン力で束縛されている軌道電子を，原子・分子の外へ放出させるために必要な最低エネルギーであり，その軌道での束縛エネルギーに等しく，**電離ポテンシャル**（ionization potential）とも呼称される．

種々の励起状態への励起や電離に要する最低エネルギーは**しきいエネルギー**（threshold energy）と呼ばれ，原子や分子の種類によって異なるが，同一の原子・分子では電離エネルギーは励起エネルギーよりも大きな値となる．たとえば，生体組織を構成する原子・分子の電離しきい値は 10 数 eV 程度であり，通常このエネルギーよりも高いエネルギーを入射粒子がもたなければ電離は起こらない．電離しきいエネルギー以上のエネルギーを有する放射線粒子が**電離放射線**（ionizing radiation）であるが，一般的には「電離」が省略され単に「放射線」と呼ばれているのが現状である．このように非弾性散乱は電子から原子・分子へのエネルギー移行を伴い，さらには原子同士や分子の結合を切断する可能性を有する．よって生体組織等への影響を考える場合，とりわけ重要な初期の物理過程であるといえる．

生体の軟組織は大部分が水で占められている（～80％程度）ことから，細胞レベルでの電子によるエネルギー付与の解析では，水中の電子過程が欠かせない基盤となっている．図 4.26 に，水分子の電子衝突断面積[注1]の例を示す．10 eV および 100 eV 付近にそれぞれ励起と電離の断面積のピークをもち，1 keV 程度を下回るエネルギー電子がこれらの過程で大きな役割をなすことがわかる．この断面積セットは，生体内の電子線モンテカルロシミュレーション（Monte Carlo simulation）[注2]において最も重要なデータとなる．なお，図中の

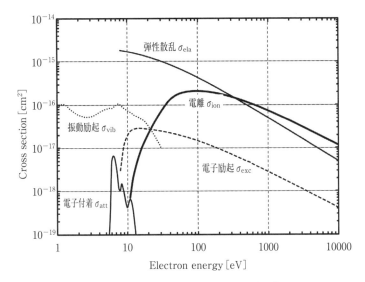

図4.26 液相における水分子の電子衝突断面積の例
［文献］弾性散乱：Uehara et al.（1993）[14]，電離（総和）：Kyriakou et al.（2015）[15]，電子励起（総和）：Kyriakou et al.（2015）[15]，振動励起（種々の振動モードの総和）：Seng & Linder（1976）[16]，El-Zein et al.（2000）[17]，Märk et al.（1995）[18]，電子付着（OH⁻，O⁻，H⁻生成の総和）：Melton（1972）[19]

電子付着（electron attachment）は，低エネルギーにて電子が水分子と解離付着衝突を起こし，OH⁻ や O⁻，H⁻ といったイオンを生成する過程を指す．

注1：水の電子衝突断面積

数 100 eV 以下のエネルギーでの水の電子衝突断面積は，それぞれの衝突過程（弾性，電離，励起等）に対して，種々のエネルギー区間で多くの報告がなされている．電子衝突断面積の決定にはいくつかの方法があり，対象とする物質の薄い層に電子ビームを入射して散乱電子を調べる方法[20]，物質の誘電関数とエネルギー損失関数を求めることによって決定する方法[21]，電子波の散乱の量子論に基づく理論計算による方法[20]，電界下で実測された電子移動速度や電離係数といった巨視的量と数値計算による結果との比較からフィードバック的に計算に組み込んだ断面積を補正・決定していく方法[22]などがある．しかし，どの方法においても，広いエネルギー範囲にて各過程の断面積を正しく決定することは困難である．また，**液相**（liquid phase）と**気相**（gas phase）とで，特に低エネルギー電子での値が異なることが知られており[23]，少なくとも H_2O 分子について，一意に電子衝突断面積のセットが確定されるには至っていないのが現状である．

注2：モンテカルロシミュレーション

モンテカルロシミュレーションは，**乱数**（random number）を用いて物質中の粒子等の振舞いを模擬する手法であり，第二次世界大戦中米国ロスアラモス研究所で中性子が物質中を動き回る様子を探るために考案されたことに端を発している．サイコロを振るかのごとく確率的な量を乱数によって決定する方法であるため，ギャンブルになぞらえ，その名所といえるモナコ公国のカジノ都市「モンテカルロ」から命名された．粒子の衝突やその後の出射方向（微分断面積 DCS を用いる）といった確率的な現象の過程一つひとつを繰り返し試行し，それらを記録することによって，多数回の積み重ねから所望の分布などを導き出すことが可能である．今日では，統計理論に基づく推定でも乱数が用いられることがあり，それらも含め，乱数を伴う解析全般の総称となっている．

4.2.3 制動放射

制動放射（bremsstrahlung）は，図 4.24（c）で示したように，高速電子が原子核の傍を通過する際に，原子核のプラス電荷に引かれて進行方向が大きく変わることによって起こる現象であるといえる[*1]．制動放射線の強度（I）は，非常に薄いターゲットでは波長（λ）によらずほぼ一定であることが知られており，その特性は，厳密さを捨象すれば，図 4.27（a）と 4.27（b）に示す古典的なモデルから説明することができる．いま，電子が原子核の近くを通過するときの最小距離を b とするとき（これを**衝突径数** impact parameter と呼ぶ），制動放射線の光子エネルギー（$h\nu$）が電子の加速度とともに大きくな

[*1] 一般に，電荷を有した物体が加速度運動（等速直線運動以外のすべての運動）をすると電磁波を放射することが，電磁気学において知られている．一定の曲率半径で回転運動する荷電粒子から放射される**シンクロトロン放射**（SOR：synchrotron orbital radiation）も，その現象の一種である．

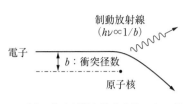

(a) 衝突径数と発生光子エネルギー

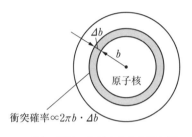

(b) 電子の入射方向から見た図

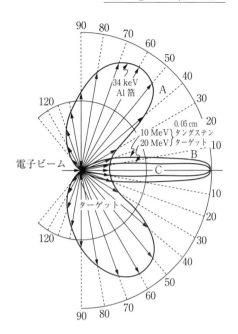

(c) 制動X線強度の出射角度依存性 [25]
A：200 nm 厚のアルミニウム箔に 34 keV の電子線を入射（実測値）
B：0.05 cm 厚のタングステン板に 10 MeV の電子線を入射（計算値）
C：0.05 cm 厚のタングステン板に 20 MeV の電子線を入射（計算値）

図 4.27　制動放射の強度と角度依存性

るとするとき b の逆数に比例するとおける（図 4.27 (a)）．一方，電子の入射方向からみた場合には（図 4.27 (b)），同じ衝突径数 b をもたらすリング状の射影面積は b に比例し，したがって発生光子数も b に比例する．よって，制動放射線の強度（I）は

$$I = nh\nu (\text{光子数} \times \text{光子エネルギー}) \propto b \times (1/b)$$

となり，多数の同一エネルギーの電子が十分薄い物質層との一度の相互作用で生み出す制動放射線強度は，エネルギーに依らず一定となることを示すことができる．また，電子の運動エネルギーが制動放射線エネルギーへ転化することになるため，制動放射線のエネルギーは入射電子の運動エネルギー以下の値となる．

図 4.27 (c) は，薄い金属ターゲットに電子線を照射した場合の制動放射線

の相対強度に関する角度依存性の例を示しており，比較的低エネルギー（34 keV）の電子の場合は 55° 付近に最大強度があるが，10 MeV と 20 MeV の高エネルギー電子の場合には，ほとんどが前方へ放射されることがわかる．

4.2.4 電子対消滅

電子対消滅は，陽電子が物質中に存在する電子と結合して消滅する現象（annihilation of positron）である．これは，高エネルギー光子線が原子核や軌道電子の近傍で，電子と陽電子の対（electron-positron pair）を生み出す現象（pair production）と逆の過程であり，2 個の粒子の静止質量エネルギー（$2m_0 c^2$）から質量をもたない光子線（γ 線）エネルギーへの転換と見なすことができる．陽電子・電子対の消滅前後で，エネルギーが保存されるとともに運動量が保存されるように 2 本の同じエネルギーの γ 線が互いに反対（180°）の方向へ放射される（図 4.28）．厳密には，陽電子も電子も速度をもっているので，消滅直前のそれらの重心速度を考慮すると，実験室系での方向はわずかにずれることになるが，陽電子は物質中で十分遅い速度で電子と結び付くため，実用上ほぼ正確に反対の方向へ 2 本の γ 線が出射されると考えて差し支えない[*1]．

この対消滅現象は，PET（positron emission tomography）検査で利用されている．すなわち，陽電子を放出する核種（陽電子放出核種）を体内の腫瘍組織に集積しやすい物質（ブドウ糖）に結合させて投与し，核種が集まった腫瘍組織から多く放射される消滅 γ 線を体外で検出することによって腫瘍の位置を特定することができる．核種から放出された陽電子は，たとえば 0.634 MeV のエネルギーをもつときには水中を最大で数 mm 程度動くため，消滅 γ 線の発生位置は陽電子放出核種の位置（つまり腫瘍の位置）から変位する．しかし，発生位置分布が核種の位置に対して球対称であれば，多数の γ 線に関する

[*1] 陽電子は物質中を非弾性散乱でエネルギーを失いながら進行し，物質中に豊富に存在する電子と十分小さいエネルギーで衝突して消滅する．単位体積当たり N 個の原子を含む物質中での毎秒の消滅割合は，$R = NZ\pi r_e^2 c\,[\mathrm{s^{-1}}]$ である[24]．いま，水中を想定し，水分子の数密度 N（$6.022045 \times 10^{23}/18\,[\mathrm{cm^{-3}}]$），分子内電子数 Z（10），古典電子半径 r_e（$2.81794 \times 10^{-13}\,[\mathrm{cm}]$），光速 c（$2.998 \times 10^{10}\,[\mathrm{cm\,s^{-1}}]$）を代入すると，$R \cong 2.5 \times 10^9\,[\mathrm{s^{-1}}]$ となる．

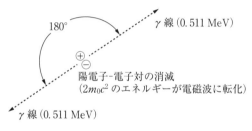

図 4.28 陽電子消滅による γ 線放射

発生位置の中心をとることによって，平均変位距離から算定されるよりも高い分解能での位置検出が期待できる．

4.2.5 阻止能と飛程

電子線を含めた荷電粒子線が物質との相互作用を通してエネルギーを失っていく度合いは，広いエネルギー範囲にて，阻止能（粒子が単位長さ当たりで失うエネルギー量[MeV/cm]，線阻止能とも呼ばれる）で表現されている．**阻止能**（stopping power）（線阻止能の場合は linear stopping power）は，前述した電離や励起衝突等でエネルギーを失う場合の**衝突阻止能** S_{col}（collisional stopping power）と，電磁放射線（光子線）放出による**放射阻止能** S_{rad}（radiative stopping power）とに分けられる．これらは，電子が衝突や放射によってエネルギーを失うことから，それぞれ，**衝突損失**（collision loss）や**放射損失**（radiation loss）と呼ばれることもある．

$$S_{tot} = S_{col} + S_{rad} = \left(-\frac{dE}{dx}\right)_{tot} = \left(-\frac{dE}{dx}\right)_{col} + \left(-\frac{dE}{dx}\right)_{rad} \ [\mathrm{MeV\ cm^{-1}}] \quad (4.70)$$

ここで，$-dE/dx$ は，粒子エネルギー E が単位長さ dx 進む間に減ぜられる割合を，S_{tot} と $(-dE/dx)_{tot}$ は，**全阻止能**（total stopping power）を表す．

また，阻止能に加え，物質中の標的数密度を考慮して，同じ原子構成の物質の場合には同じ値となるよう，物質の質量密度 ρ [g cm^{-3}] で除した

$$\frac{S_{tot}}{\rho} = \frac{S_{col}}{\rho} + \frac{S_{rad}}{\rho} \ [\mathrm{MeV\ cm^2 g^{-1}}] \quad (4.71)$$

がよく用いられ，それぞれ，**全質量阻止能** S_{tot}/ρ（total mass stopping power），**質量衝突阻止能** S_{col}/ρ（collisional mass stopping power），**質量放射阻止能** S_{rad}/ρ

(radiative mass stopping power) と呼ばれる.

これらの値は，入射粒子のエネルギーや物質の種類によって異なり，たとえば ICRU レポート 37[23] に表となって示されている．以下に続く (1), (2) では，ICRU レポート 37 の前半の記載を基に，S_{col}/ρ と S_{rad}/ρ に関わる諸式について述べる．

(1) 衝突阻止能

質量衝突阻止能 S_{col}/ρ は，以下のように表される．

$$\frac{S_{col}}{\rho} = \frac{2\pi r_e^2 m_0 c^2}{\beta^2} \frac{N_A}{A_W} Z \left[\ln\left(\frac{T}{I}\right)^2 + \ln\left(1+\frac{\tau}{2}\right) + F^{\pm}(\tau) - \delta \right] \quad [\text{MeVcm}^2\text{g}^{-1}]$$
(4.72)

ここで $F^{\pm}(\tau)$ は，以下のとおり，電子に対しては $F^{-}(\tau)$ によって，陽電子の場合は $F^{+}(\tau)$ で置き換えられる．

$$F^{-}(\tau) = (1-\beta^2)\left[1 + \frac{\tau^2}{8} - (2\tau+1)\ln 2\right] \quad (4.72\text{a})$$

$$F^{+}(\tau) = 2\ln 2 - \left(\frac{\beta^2}{12}\right)\left[23 + \frac{14}{\tau+2} + \frac{10}{(\tau+2)^2} + \frac{4}{(\tau+2)^3}\right] \quad (4.72\text{b})$$

なお，式中の記号の意味は，それぞれ，$\beta = v/c$（真空中の光速に対する電子速度），$r_e = e^2/4\pi\varepsilon_0 m_0 c^2 = 2.81794 \times 10^{-13}$ [cm]（古典電子半径），$N_A = 6.022045 \times 10^{23}$ [mol^{-1}]（アボガドロ数），$\tau = T/m_0 c^2$（静止質量エネルギーに対する運動エネルギーの割合），A_W（原子量），Z（原子番号）である．よって，式 (4.72) 内の $2\pi r_e^2 m_0 c^2 N_A$ は 0.153536 [MeVcm^2 mol^{-1}] である．また，$\rho N_A/A_W (\equiv n)$ と $nZ (\equiv n_e)$ は，それぞれ，原子数密度 [cm^{-3}] と電子数密度 [cm^{-3}] を表す．I は平均励起エネルギー（mean excitation energy）と呼ばれ，物質中原子内の電子の束縛エネルギーに関係する物質固有の半経験的な量である．ただし，同じ物質でも一般に気体の場合と液体や固体の場合とでは値が異なる．また，δ は密度効果補正（density effect correction）であり，入射電子の電荷によって物質中原子の集団が分極し阻止能が変化する効果を表す．δ は，約 1 MeV 以下ではどんな物質に対しても小さく，エネルギーとともに徐々に増加し，100 MeV では 20% 阻止能を減少させる程度になる[25]．

上記の平均励起エネルギー I は，複数の原子で構成された化合物（compound）に対しては，以下の式で求められる．

$$n_e \ln I = \sum_i n_i Z_i \ln I_i \tag{4.73}$$

ここで，n_e は化合物内の電子数密度 [cm^{-3}]，n_i は i 番目の原子の数密度 [cm^{-3}] で Z_i は原子番号，I_i はその原子単体での平均励起エネルギーを表す．

[例1] 化合物での平均励起エネルギーの求め方：H_2O（液相水）

$I_H \cong 19\,[\text{eV}]$：H（$Z=1$）単体での平均励起エネルギー

$I_O \cong 105\,[\text{eV}]$：O（$Z=8$）単体での平均励起エネルギー

$$\ln I = \frac{1}{n_e}\sum n_i Z_i \ln I_i = \frac{1}{10}[(2\times 1)\ln 19 + (1\times 8)\ln 105] \cong 4.321$$

よって，$I \cong 74.6\,[\text{eV}]$ となる．

(2) 放射阻止能

質量放射阻止能 S_{rad}/ρ は，以下の式で表される．

$$\frac{S_{\text{rad}}}{\rho} = \alpha r_e^2 \frac{N_A}{A_W} Z^2 (T+m_0 c^2)\phi_{\text{rad},n}\left[1+\frac{1}{Z}\cdot\frac{\phi_{\text{rad},e}}{\phi_{\text{rad},n}}\right]\,[\text{MeV cm}^2\text{g}^{-1}] \tag{4.74}$$

ここで，$\alpha = 1/137.03604$（微細構造定数）であり，$\phi_{\text{rad},n}$ と $\phi_{\text{rad},e}$ は，それぞれ原子核との衝突と軌道電子との衝突に対する無次元の放射損失断面積として導入されており

$$\phi_{\text{rad},n} = \frac{1}{\alpha r_e^2 Z^2}\int_0^T \frac{k}{T+m_0 c^2}\frac{d\sigma_n}{dk}dk \tag{4.74a}$$

$$\phi_{\text{rad},e} = \frac{1}{\alpha r_e^2}\int_0^{T'} \frac{k}{T+m_0 c^2}\frac{d\sigma_e}{dk}dk \tag{4.74b}$$

である．なお，$d\sigma_n/dk$ は入射電子と原子核とのクーロン衝突で光子エネルギー k を放出する割合を表す微分断面積，$d\sigma_e/dk$ は軌道電子との衝突に対する微分断面積を表す．また，T' は電子-電子相互作用での放出光子エネルギーの上限であり

$$T' = \frac{m_0 c^2\, T}{T+2m_0 c^2 - \beta(T+m_0 c^2)} \tag{4.75}$$

で与えられる．式（4.74）内の $\phi_{\text{rad},e}/\phi_{\text{rad},n}$ は，高エネルギーでは 1 よりわずかに大きく，700 keV で 0.5，低エネルギーになると 0 に近づくことが知られ

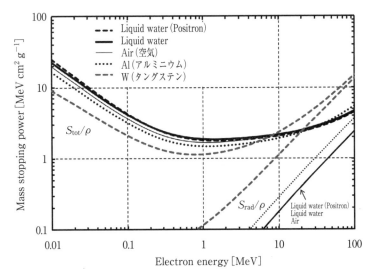

図4.29 全質量阻止能と質量放射阻止能の例

ている．しかしながら，$d\sigma_n/dk$ や $d\sigma_e/dk$ は単純な形ではなく，それらを元に，S_{rad}/ρ を1つの解析的な公式として記述することは困難である．そこで，運動エネルギー T を高（$T \geq 50$ MeV）と低（$T \leq 2$ MeV），そしてその間の中間的エネルギーの場合に分け，適切な近似式等で数値が算出されている．

図4.29に，実際の全質量阻止能と質量放射阻止能の例[23]を示す．

以上の両阻止能の比（S_{rad}/S_{col}）は，近似的に次の式で表される．

$$\frac{S_{rad}}{S_{col}} \cong \frac{(T+m_0c^2)Z}{820} \tag{4.76}$$

ここで，電子の全エネルギー（$T+m_0c^2$）は，MeV 単位での値としている．この式より，T が keV オーダー以下で，Z が低原子番号である場合には，放射阻止能の割合は小さくなり，放射による損失が無視しうることがわかる．

[例2] **放射損失と衝突損失がつり合う電子エネルギー：タングステン（W）中**
タングステンは $Z=74$ だから

$$\frac{S_{rad}}{S_{col}} \cong \frac{(T+m_0c^2)Z}{820} = \frac{(T+0.511) \cdot 74}{820} = 1$$

よって，$T \cong 10.6$ [MeV] である．

図 4.29 に示した阻止能データでは，約 1 MeV から 10 keV までのエネルギー低下に伴い阻止能が増加する傾向が見られる．ここでは示していないが，さらに低エネルギーになると水中では 100 eV 程度においてピークをむかえ，その後減少する[23),26)]．これは，図 4.26 での電離衝突断面積が，100 eV 辺りで最大となっていることに対応する．このことは，電子線が，その飛跡は直線的ではないものの（図 4.24 上図参照），陽子や α 粒子などの荷電粒子が物質中で止まる直前にエネルギー付与が最大（**ブラッグピーク** Bragg peak と呼ばれる）となるのと同様な挙動を呈することを示している．

電子が水中で止まるまでの総距離は，10 keV 以下でスタートした場合，数 μm を下回る[26)]．よって，光子線の光電吸収やコンプトン散乱などで細胞内に発生した二次電子がその程度のエネルギーのとき，μm スケール内で全エネルギーを細胞内物質に与えることになる．細胞損傷は，主にこのような電子のエネルギー付与によってもたらされるため，とりわけ細胞核へのエネルギー付与量が，**マイクロドシメトリ**（微視的線量計量 microdosimetry）[27)] の分野で重要視されている．

(3) 飛 程

電子は，衝突（散乱とも相互作用とも呼ばれる）によって方向を変えエネルギーを失いながら物質中を進行する．電離や励起過程などによりエネルギーを減じて，最終的に物質内に留まるため，物質層が深くなるにつれて電子の到達確率が減少（減弱）する．板状の物質であれば，電子の透過率がその厚さに依存することになる．ここでは，電子線が進行しうる距離（**飛程** range）とその**飛跡形状**（track structure）に関わる振る舞いについて述べる．

電子は物質中の原子（あるいは分子）と衝突して種々の反応を起こす．原子の質量に比べて，電子の質量は数千〜数万分の 1 なので，衝突で方向が大きく変わり得る．また，電離や励起衝突が起こるときには，電離や励起分のエネルギーを段階的に減じながら進むことになる．しかし，同じエネルギー電子の多数の飛跡を考えれば，他の衝突過程による分も含め，単位長さ当たりの平均的なエネルギー損失が定まる．これは上述した阻止能に他ならず，阻止能の逆数をエネルギー 0 から運動エネルギー T（スタート時点での運動エネルギー）

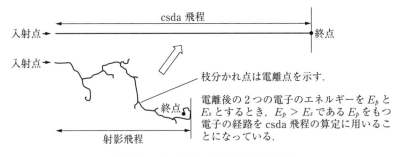

図 4.30 csda 飛程と射影飛程（概念図）

まで積分すると，曲がりくねった飛跡の全行程距離を求めることができる．このように算出される距離は，連続減速近似飛程（**csda 飛程**：continuous-slowing-down approximation range）と呼ばれ，電子が阻止能値のとおりに連続的にエネルギーを失うとしたときの行程距離に等しい（図 4.30 を参照のこと）．

$$R = \int_0^T \frac{dK}{S_{\text{tot}}(K)} \quad (\text{csda 飛程}) \tag{4.77}$$

原子番号 Z が小さい物質（生体軟組織や水など）中では，運動エネルギー T と飛程 R との間に，次の経験式がある[26]．

$$R = 0.412 T^{1.27 - 0.0954 \ln T} \quad (0.01 \leq T \leq 2.5 \text{ MeV}) \tag{4.77a}$$

$$R = 0.530 T - 0.106 \quad (T > 2.5 \text{ MeV}) \tag{4.77b}$$

ここで，R の単位は [g cm^{-2}] であり，実際の距離 [cm] に物質密度 ρ [g cm^{-3}] を乗じた値となっている．

電子の大きな方向変化に伴って起こる制動放射の割合を評価する場合には，次の**制動放射収率**（radiation yield あるいは bremsstrahlung efficiency）が用いられる．

$$B = \frac{1}{T} \int_0^T \frac{S_{\text{rad}}(K)}{S_{\text{tot}}(K)} dK \quad (\text{制動放射収率}) \tag{4.78}$$

csda 飛程に対し，入射地点から入射方向に関する最大到達深さを**射影飛程**（projected range）と呼ぶ（図 4.30）．射影飛程は csda 飛程に比べ，より実測との比較が容易な飛程といえる．たとえば，電子線が物質中をどの程度の深さまで到達するかを求める実際的な方法として，物質板（吸収体とも呼ばれる）

の厚さを変えて，透過した電子数を計数するものがある．連続スペクトルをなす β 線を放出する核種（^{32}P や ^{90}Sr など）を用いて，吸収体の厚さを変化させたときの透過電子数から最大飛程 R_m [g cm^{-2}] を求めると，アルミニウム（Al）中では，β 線の最大エネルギー T [MeV] との間に

$$R_m = 0.542T - 0.133 \quad (0.8\,\text{MeV} < T) \tag{4.78a}$$

$$R_m = 0.407T^{1.38} \quad (0.15 < T \leq 0.8\,\text{MeV}) \tag{4.78b}$$

が近似的に成り立つ[28]．

[例3] 2 MeV の電子が 0.2 cm 厚の Al 板を通過して失うエネルギー

式 (4.78a) より，最大飛程 R_m は

$$R_m = 0.542 \times 2 - 0.133 = 0.951\,[\text{g cm}^{-2}]$$

である．これを Al の密度 ρ（$=2.70\,[\text{g cm}^{-3}]$）で割ると

$$d_m = \frac{R_m}{\rho} = \frac{0.951}{2.70} = 0.352\,[\text{cm}]$$

が求まる．いま Al 板の厚さは 0.2 [cm] なので，通り抜けた電子は，残り 0.152 [cm]（あるいは 0.410 [g cm^{-2}]）を通過しうるエネルギー T' を有していることになる．

ここで，式 (4.78a) を変形すると

$$T = (R_m + 0.133)/0.542 \quad (>0.8\,\text{MeV})$$

だから，R_m に 0.410 を代入して

$$T' = (0.410 + 0.133)/0.542 \cong 1.00\,[\text{MeV}]$$

が得られる．よって，Al 板の 0.2 cm 厚の通過によって失うエネルギーは $T - T' \cong 2.00 - 1.00 = 1.00\,[\text{MeV}]$ となる．

(4) **チェレンコフ放射**（Čerenkov radiation）

荷電粒子が媒質中を光速よりも速く進むときに，光（電磁波）が放出される現象をチェレンコフ放射という．媒質中での光速は，真空の場合の c よりも小さくなり，媒質の屈折率を n とするとき，c/n となる．たとえば，水の屈折率は 1.33〜1.34 程度なので，電子は容易に水中の光速を超えるスピードとなり得る．しかし，電子以外の陽子や α 粒子などの荷電粒子では，電子に比べてずっと質量が大きいため，運動エネルギーが数百 MeV でも光速を超えること

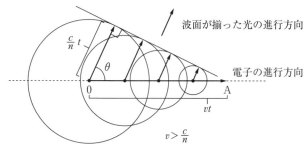

図 4.31 チェレンコフ放射の原理図

はなく，通常この現象を考慮する必要はない．

　チェレンコフ放射は，荷電粒子が自身の周囲に電場をもっているために，その入射によって誘電体媒質の中で極性分子が一様に電場に応じた方向を向き，荷電粒子が過ぎ去った後，それらがバラバラの元の状態に戻るときに起こる（すなわち極性分子が振動して電磁波を放出する）現象であり，典型的な例では青白い色の光（電磁波）が観測される．図 4.31 に示すように，媒質中の光速 (c/n) が電子速度 v よりも小さいときには，OA 軸上の各点から球状に放射される光の波面が角度 θ の方向に揃い，比較的強い光となるのである．しかし v が c/n よりも小さいときには，波面が揃わないことに注意しよう．

　チェレンコフ放射光の出射方向 θ は

$$\cos\theta = \frac{(c/n)t}{vt} = \frac{1}{(v/c)n} < 1 \tag{4.79}$$

の条件を満たし，電子の進行方向を軸として円錐状に放射される．式 (4.79) の左辺が 1 となるとき ($v=c/n$) の粒子の運動エネルギー (T) が臨界エネルギー (critical energy) であり，電子の場合，静止質量エネルギーが m_0c^2 ($=0.511\,\mathrm{MeV}$) なので

$$T = m_0c^2\left[\frac{1}{\sqrt{1-(1/n)^2}} - 1\right] \tag{4.80}$$

がチェレンコフ放射を起こす臨界エネルギーとなる．

　この放射は，高速ジェットが音速を超えるときに発生する衝撃波に例えられる現象である．

[例4] 水中でのチェレンコフ放射の臨界エネルギーと 300 keV 電子での放射方向

H₂O（液体20℃）中の屈折率を $n=1.33$ とし，電子の静止質量エネルギー（$m_0c^2=0.511\,[\text{MeV}]$）を式（4.80）に代入して

$$T = 0.511\left[\frac{1}{\sqrt{1-(1/1.333)^2}} - 1\right] \cong 0.264\,[\text{MeV}] = 264\,[\text{keV}] \quad \text{（臨界値エネルギー）}$$

一方，$0.300 = 0.511\,(1/\sqrt{1-\beta^2} - 1)$（ただし $\beta = v/c$）より

$$\beta = \sqrt{1 - \left[\frac{0.511}{0.300+0.511}\right]^2} \cong 0.777 \quad \text{だから}$$

$\cos\theta = 1/\beta n \cong 1/(0.777 \times 1.33)$ となり，$\cos\theta \cong 14.6°$（放射方向角）となる．

4.3 重荷電粒子

陽子以上の質量をもつ荷電粒子は重荷電粒子に分類される．**重荷電粒子**（heavy charged particle）は物質中を一定距離進み，静止する直前に集中して線量を付与し，その先にはほとんど線量を付与しないという特性をもつ．この特徴を生かして，陽子や炭素イオンなどを用いた治療（粒子線治療）が行われている．重荷電粒子は同じ荷電粒子である電子・陽電子に比べ，原子核構造をもち，質量が約1800倍以上重く，電荷は正電荷となる．物質との相互作用の特性に関し，非荷電粒子との違いの理解に加え，これらの性質に由来する重荷電粒子と電子・陽電子との違いを理解することが，重荷電粒線の特性の理解を深める上で重要となる．

物質に入射した重荷電粒子は，物質との間で主に次の3種類の反応を起こす
1. 原子核とのクーロン相互作用による弾性散乱
2. 軌道電子とのクーロン相互作用による非弾性散乱
3. 原子核との核反応

弾性散乱は散乱前後で粒子の内部構造が変わらず運動エネルギーの和が保存する散乱であり，非弾性散乱は散乱前後で励起等により粒子の状態が変化し，運動エネルギーの和が保存しない散乱である．物質中を進む重荷電粒子は，原子核間の弾性散乱により軌道が曲げられるとともに，物質原子中の軌道電子と

の非弾性散乱により物質原子を電離・励起することでエネルギーを失う．その際，重荷電粒子の軌道の変化はわずかであり，軌道の変化に起因する制動放射は重荷電粒子では無視できる．また，粒子線治療で用いられるエネルギー領域では，物質との核反応により入射重荷電粒子の一部が消滅し，破砕粒子が放出される．

　重荷電粒子は物質中をほぼ直進し，エネルギーをすべて失った時点で停止する．荷電粒子が物質中で到達できる距離は荷電粒子のエネルギーと荷電粒子が入射する物質で決まる一定値であり，その距離は**飛程**（range）と呼ばれる．重荷電粒子は飛程の終端でエネルギーを集中して付与し，飛程の先では線量をほとんど付与しない．以下では，重荷電粒子と物質との相互作用に関し，上記3種の反応を説明した後，重荷電粒子が物質中で単位長さ当たりに失うエネルギーである阻止能について論じ，その理解に基づいて重荷電粒子の飛程について説明する．

4.3.1　弾性散乱

　物質中を進む重荷電粒子は，重荷電粒子の原子核と，物質中の原子核との間に働くクーロン力により**弾性散乱**（elastic scattering）を受け，その進行方向が曲げられる．正電荷同士に働くためクーロン力は斥力となる．図 4.32 に示すように，電荷 ze の物質の原子核から距離 b だけ離れた直線上を電荷 $z'e$ の荷電粒子が入射する状況を考える．この距離 b を衝突径数と呼ぶ．原子核との弾性散乱は，衝突径数のスケールが原子の大きさ（$\sim 10^{-10}$ m）よりもずっと小さい原子核の大きさ程度（$\sim 10^{-15}$ m）の場合に生じる．衝突径数が原子

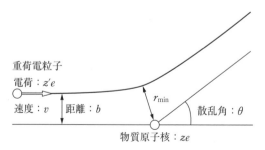

図 4.32　重荷電粒子と物質原子核とのクーロン相互作用による弾性散乱

の半径よりも大きい場合は，物質原子核の電荷が軌道電子の電荷と打ち消されるために**クーロン相互作用**による弾性散乱は無視できる．クーロン力による2体散乱は古典力学でよく知られており，速度vの重荷電粒子が単位断面積当たり1個入射するとき，図4.32のθ方向の微小立体角$d\Omega(=2\pi \sin \theta \, d\theta)$に散乱される確率$d\sigma/d\Omega$は以下で表される．

$$\frac{d\sigma}{d\Omega} = \left(\frac{zz'e^2}{8\pi\varepsilon_0 mv^2}\right)^2 \frac{1}{\sin^4 \frac{\theta}{2}} \tag{4.81}$$

ここで，散乱角θは衝突径数bから一意的に決まり

$$b = \frac{zz'e^2}{4\pi\varepsilon_0 mv^2} \frac{1}{\tan(\theta/2)} \tag{4.82}$$

の関係が成り立つ．本来，原子スケールの散乱確率は量子力学で求めるべきものであるが，この例の場合，量子力学での計算結果も古典力学と同じになる．式（4.81）からわかるとおり，θが小さいほどその方向に散乱される確率が高く，θの増加に伴い単調に減少し，$\theta=\pi$で最小となる．すなわち，多くは前方に散乱されるが，小さい確率で進行方向と反対側にも散乱される．なお，式（4.81）は$\theta=0$で発散するが，これは，θが小さい領域は（式（4.82）より）衝突径数が大きい領域に対応し，本理論の適用範囲を超えることよる．（軌道電子によって原子核の電荷が打ち消される効果を考慮していないため．）

原子核の弾性散乱の重要な一例は，1913年にGeigerとMarsdenが行ったα線のAu原子核による散乱実験である．薄い金箔にα粒子を入射させると，入射したα線の一部が後方に散乱される．Rutherfordは，原子の中心に原子のすべての質量と正電荷が集中しているとし，この散乱現象をクーロン斥力による2体散乱と解釈することで，α粒子の散乱確率がすべての散乱角で式（4.81）とよく一致することを示した．このため，原子核による弾性散乱はRutherford散乱とも呼ばれる．

物質中を進む荷電粒子は，物質中の原子核との間で繰り返し弾性散乱を受ける（多重クーロン散乱）．重荷電粒子の場合，電子・陽電子に比べて多重クーロン散乱による軌道変化は小さいが，わずかに側方に広がる．このため，照射野辺縁や，細いビームの場合はその側方への広がりの寄与を適切に取り入れる

必要がある．ただし，幅の広いビームで側方の荷電粒子平衡が成り立つ場合は，多重クーロン散乱の線量分布への影響は無視できる．また，弾性散乱においても，反跳エネルギーのためにわずかに荷電粒子のエネルギーが減少する．このため，多重クーロン散乱によりわずかにエネルギーが失われるが，この効果は多くのエネルギー範囲において，軌道電子との非弾性散乱によるエネルギー損失の1%未満である．

4.3.2 非弾性散乱

物質中に入射した重荷電粒子は，重荷電粒子の原子核と物質中の軌道電子との間に働くクーロン力により，物質原子を電離または励起し，その分だけ自身の運動エネルギーを失う．反応前後で運動エネルギーが保存されないことから，この過程は**非弾性散乱**（inelastic scattering）である．原子核同士の弾性散乱ではクーロン力は正電荷同士に働くため斥力であったが，この場合は，原子核と電子の間に働くため引力となる．また，原子核と電子の間の散乱の場合，重荷電粒子の質量は最も軽い陽子の場合でも電子の質量の約1800倍であるため，散乱前後で重荷電粒子の運動方向は変わらない．

重荷電粒子が1回の相互作用で軌道電子に与えるエネルギーは非常に小さく，重荷電粒子は静止するまでに軌道電子と多数の衝突を行う．1回の相互作用で失うエネルギーが小さいことは，軌道電子と入射粒子の質量比が大きいことに由来する．この性質は，2体相互作用において，運動エネルギー E_K，質量 M の入射粒子が，静止した質量 m の粒子に与える最大エネルギー ΔE が

$$\Delta E = \frac{4mM}{(m+M)^2} E_K \tag{4.83}$$

であることから理解できる．たとえば，陽子が，静止した電子と衝突する場合，$\Delta E/E_K \approx 4m/M \approx 0.002$ となり，1回の衝突で陽子が失うエネルギーが非常に小さいことがわかる．1 MeV の陽子は静止するまでに軌道電子と約 10^5 回衝突する．軌道電子との非弾性散乱は物質中を進行する重荷電粒子のエネルギー損失の主要因であり，その物理的性質が詳しく調べられている．その詳細は阻止能の項目で述べる．

4.3.3 核反応

物質に入射する重荷電粒子の運動エネルギーがクーロン障壁を超えられるほど大きい場合は**核反応**（nuclear reaction）が生じる．強い相互作用が寄与する衝突においても弾性散乱（反応前後の核種が同じく，運動エネルギーの和が保存される）が起こり得るが，重荷電粒子のエネルギー損失に関してより重要なのは，核反応により入射粒子とは異なる粒子が放出される非弾性散乱である．以下で核反応とはこの非弾性散乱を指す．

核反応でどのような粒子が発生するかは，入射粒子および，標的粒子の核構造の詳細に依存するが，一般に，同じ重荷電粒子および標的核に対し，複数の種類の核反応が生じ，この核反応で発生した粒子を**核破砕粒子**，あるいは核破砕片と呼ぶ．核破砕粒子の例として，エネルギー 150 MeV の陽子が ^{16}O 核と衝突した場合に発生する核破砕粒子と，それらに分配されるエネルギーの割合を表 4.2 に示す．

水中を進む陽子では，治療で用いられる広いエネルギー範囲で，1g/cm^2 当たり約 1% の割合で核反応を起こす．たとえば，エネルギー 150 MeV の陽子（飛程約 16 cm）では，水中に入射する陽子の約 17% が静止までに少なくとも 1 回の核反応を起こす．核破砕粒子の多くは，それが発生した付近でエネルギーを付与し，その寄与のため，特に飛程の末端以降にもわずかに線量が付与される．この核破砕粒子による飛程以降の線量付与はフラグメンテーションテイルと呼ばれる．この核破砕粒子の寄与は入射重荷電粒子の質量が大きいほど大

表 4.2 150 MeV の陽子が ^{16}O 核に衝突する際に破砕粒子に付与されるエネルギーの割合 (Goiten, 2008)

破砕粒子	発生エネルギー割合(%)
陽子	57
中性子	20
α粒子	2.9
重水素	1.6
三重水素	0.2
ヘリウム 3	0.2
その他の粒子	1.6

きくなる．また，核反応で発生した中性子，光子により，より広い範囲に線量が付与されるが，その寄与は他の核破砕粒子の寄与に比べて小さい．

4.3.4 阻止能と飛程

(1) 阻止能

重荷電粒子が単位長さ当たりに失うエネルギーは**阻止能**（stopping power）と呼ばれ，阻止能の単位として MeV·cm^{-1} が用いられる．阻止能を定義する際，核反応によるエネルギー損失過程は除き，軌道電子との非弾性散乱によるエネルギー損失の寄与を含める．この過程でのエネルギー損失は衝突損失とも呼ばれる．重荷電粒子は物質中をほぼ直進するため，制動放射によるエネルギー損失（放射損失）の寄与は無視できる．また，弾性散乱の項で述べたとおり，弾性散乱によるわずかなエネルギー損失もここでは考えない．

重荷電粒子と軌道電子との衝突によるエネルギー損失は，単位長さ当たりに含まれる軌道電子の数に比例するため，阻止能は物質密度に比例する．そこで，阻止能を物質密度で割った値として，**質量阻止能**が定義される．質量阻止能の単位は MeV·cm^2·g^{-1} であり，荷電粒子が物質中を進む距離を「単位面積当たりの質量」で表したものと解釈できる．単位質量当たりの電子数の物質依存性は小さいため，質量阻止能は阻止能に比べ物質依存性が小さいという特徴をもつ．阻止能は質量阻止能と特に区別する場合，線阻止能といわれる．物質中に入射した重荷電粒子の質量阻止能 S は，相対論と量子力学から導かれる Bethe-Bloch の式で与えられる

$$S = -\frac{1}{\rho}\frac{dE}{dx} = 4\pi \frac{ZN_A}{A}\left(\frac{e^2}{4\pi\varepsilon_0}\right)^2 \frac{z^2}{m_e v^2}\left\{\ln\frac{2m_e c^2}{I} + \ln\frac{\beta^2}{1-\beta^2} - \beta^2\right\} \quad (4.84)$$

ここで，z, v は重荷電粒子の電荷数および速度，$\beta = v/c$ は光速度と v の比，ρ, Z, A は物質の密度，原子番号および原子量，N_A, m_e, e, ε_0 はアボガドロ数，電子の静止質量，電気素量，および真空の誘電率である．式 (4.84) に現れる I は**平均励起エネルギー**と呼ばれ，荷電粒子とのクーロン相互作用により，軌道電子の電離または励起に利用される平均エネルギーを表す．平均励起エネルギーは，可能なすべての電離・励起を考慮した平均値であるため，最外殻電子の電離に必要なエネルギーとして定義される第 1 イオン化エネルギーよ

表4.3 代表的な物質に対する平均励起エネルギー (ICRU Report 37)

物質	平均励起エネルギー [eV]	物質	平均励起エネルギー [eV]
H	19.2	水（液体）	75
C	78	空気	85.7
Al	166	骨格筋	75.3
Cu	322	骨	91.9
W	727	ルサイト	74
Pb	823	ポリスチレン	68.7

りも大きい．表 4.3 に代表的な物質に対する平均励起エネルギーの値を示す．平均励起エネルギーは，荷電粒子が入射する物質のみに依存し，入射する粒子によらず同一の値が用いられる．

質量阻止能は，荷電粒子が入射する物質の原子番号と原子量の比 Z/A に比例する．Z/A は陽子で 1，その他の原子で約 0.5 となり，原子番号が大きくなるにつれ徐々に小さくなる．このため，荷電粒子が入射する物質の原子番号 Z が大きくなるにつれ，同じエネルギーの入射荷電粒子に対する質量阻止能は小さくなる．Bethe-Bloch の式は，おおむね 200 keV 以上のエネルギー領域で近似がよく，入射荷電粒子の静止質量エネルギー以下の非相対論的近似が成り立つエネルギー領域では，荷電粒子の電荷の 2 乗に比例し，速度の 2 乗に反比例するという特徴をもつ．

$$S=-\frac{1}{\rho}\frac{dE}{dx}\propto\frac{z^2}{v^2} \qquad (4.85)$$

すなわち，入射荷電粒子の速度 v が遅いほど，また，入射荷電粒子の電荷数 z が大きいほど阻止能が大きい．この性質は，入射荷電粒子の速度が遅いほどクーロン相互作用が働く時間が長くなること，また，電荷数が大きいほどクーロン力が大きくなることから定性的に理解できる．さらにその依存性が，z^2/v^2 と 2 乗の形となることは，荷電粒子が形成する電場から軌道電子が得る運動エネルギー ΔE の z, v 依存性に基づいて以下のように説明できる．

図 4.33 のように，軌道電子から距離 b だけ離れた直線上を荷電粒子が通過する状況を考える．荷電粒子の速度 v は十分に早く，荷電粒子が通過する間，軌道電子は静止していると見なせるものとする．荷電粒子が通過する際，軌道電子は荷電粒子からエネルギーを得て電離または励起され，荷電粒子はその分

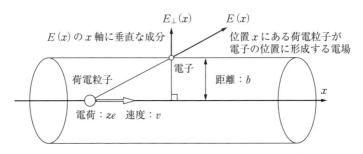

図 4.33 物質中を運動する荷電粒子と軌道電子の相互作用

エネルギーを失う．荷電粒子の通過前後で軌道電子が得る運動エネルギー ΔE は，この間の軌道電子の運動量変化 Δp から $\Delta E = (\Delta p)^2 / 2m_e$ で与えられる．運動量変化 Δp は，軌道電子が受ける力積に等しいため，荷電粒子が電子の位置で形成するクーロン力の時間積分として以下で与えられる．

$$\Delta p = \int_{-\infty}^{\infty} eE_{\perp}(t)\,dt = \int_{-\infty}^{\infty} eE_{\perp}(x)\frac{dt}{dx}dx = \frac{e}{v}\int_{-\infty}^{\infty} E_{\perp}(x)\,dx \quad (4.86)$$

ここで，$E_{\perp}(x)$ は位置 x にある荷電粒子が軌道電子の位置で形成する電場の，荷電粒子の運動方向に垂直な成分を表す（運動方向に沿った成分は荷電粒子が軌道電子を通過する前後で向きが反転するために打ち消される）．電場の垂直成分 $E_{\perp}(x)$ の積分は，荷電粒子が静止する座標系で考えると簡易的に計算できる．荷電粒子が静止する座標系では，荷電粒子が形成する電場上を軌道電子が運動すると見なせる．荷電粒子が形成する電場に関して図 4.33 に示す x 軸を中心軸とする半径 b の円筒上でガウスの法則を用いれば

$$\int_{-\infty}^{\infty} E_{\perp}(x)\,2\pi b\,dx = \frac{1}{\varepsilon_0}ze \quad (4.87)$$

したがって，荷電粒子の通過前後で軌道電子1個が得るエネルギーは

$$\Delta E = \frac{(\Delta p)^2}{2m_e} = \frac{1}{2m_e}\left(\frac{e}{v}\cdot\frac{ze}{2\pi b\varepsilon_0}\right)^2 = \left(\frac{e^2}{4\pi\varepsilon_0}\right)^2 \frac{2}{m_e b^2}\frac{z^2}{v^2} \propto \frac{z^2}{v^2} \quad (4.88)$$

となる．Bethe-Bloch の式の z, v 依存性は，このように，重荷電粒子と軌道電子との相互作用がクーロン力であり，その力積が v に反比例することに由来する．

式 (4.88) は1個の軌道電子との相互作用によるエネルギー損失を与える

が，阻止能を算出するには，エネルギー損失に寄与し得るすべての軌道電子の影響を足し合わせなければならない．荷電粒子の軌道から距離 $b \sim b+db$ の間にある距離 dx の微小円筒に含まれる軌道電子に関し，エネルギー損失への寄与は

$$dE = -\rho \frac{ZN_A}{A} 2\pi b\, db\, dx\, \Delta E \tag{4.89}$$

で与えられる．荷電粒子と軌道電子が相互作用を起こす距離の最小値を $b_{\min}$，最大値を $b_{\max}$ とすると，すべての軌道電子によるエネルギー損失は，式（4.88）を式（4.89）に代入し，b につき $b_{\min}$ から $b_{\max}$ まで積分することで得られ

$$-\frac{1}{\rho}\frac{dE}{dx} = 4\pi \frac{ZN_A}{A}\left(\frac{e^2}{4\pi\varepsilon_0}\right)^2 \frac{z^2}{m_e v^2} \ln\left(\frac{b_{\max}}{b_{\min}}\right) \tag{4.90}$$

となる．ここで，$b_{\min}$ は粒子の古典的な描像が成立するスケールの下限で決まり，$b_{\max}$ は軌道電子が吸収可能なエネルギーの下限値から決まる．前者は荷電粒子が静止した座標系で見た場合，軌道電子のド・ブロイ波長から，プランク定数 h を用いて

$$b_{\min} \sim \frac{h}{m_e v} \tag{4.91}$$

後者は，荷電粒子が相互作用を起こす時間スケール b/v の逆数が軌道電子の平均的な振動数 $\bar{\nu} = I/h$ 以上でなければ軌道電子を電離・励起することはできないことから

$$b_{\max} \sim \frac{v}{\bar{\nu}} = \frac{hv}{I} \tag{4.92}$$

となる．ここで I は平均励起エネルギーである．$b_{\min}$, $b_{\max}$ の表式を式（4.90）に代入すると

$$-\frac{1}{\rho}\frac{dE}{dx} = 4\pi \frac{ZN_A}{A}\left(\frac{e^2}{4\pi\varepsilon_0}\right)^2 \frac{z^2}{m_e v^2} \ln\left(\frac{m_e v^2}{I}\right) \tag{4.93}$$

これは，Bethe-Bloch の式の非相対論的極限 $v/c \to 0$ の表式と log 内の係数を除いて一致する．係数まで一致させるには量子力学に基づいた議論が必要となるが，以上の議論で Bethe-Bloch の式の基本的な物理量依存性が理解できる．

(2) 飛　程

　重荷電粒子と物質との相互作用は離散的かつ確率的であり，同じエネルギーの重荷電粒子を同じ物質に入射させた場合であっても，粒子の軌道は同一にはならない．重荷電粒子は物質中をほぼ直進するが，この確率的な揺らぎのため，到達深度はある一定値の周りにばらつく．重荷電粒子の飛程は，物質に入射する重荷電粒子が入射方向に沿って到達できる深度の平均値として定義される．

　上述のエネルギー損失過程も離散的かつ確率的現象であり，阻止能はそのエネルギー損失の単位長さ当たりの平均値である．荷電粒子が物質中を運動する際，運動エネルギーをこの平均的なエネルギー損失の割合で連続的に失うと見なす近似を CSDA（Continuous Slowing Down Approximation）といい，この近似の下で算出される荷電粒子の経路長を CSDA 飛程という．CSDA 飛程は次式で定義される

$$R_{\mathrm{CSDA}} = \int_0^{E_K^0} \frac{dE}{S(E)} \tag{4.94}$$

ここで，E_K^0 は荷電粒子の初期運動エネルギー，$S(E)$ は運動エネルギー E の荷電粒子の阻止能である．阻止能として線阻止能を用いる場合，CSDA 飛程の単位は cm，質量阻止能を用いる場合，CSDA 飛程の単位は $\mathrm{g \cdot cm^{-2}}$ となる．以下では阻止能として質量阻止能を用いる．CSDA 飛程は物質中を進む荷電粒子の経路に沿った長さの平均値を意味し，電子・陽電子の場合は折れ曲がった軌道に沿って積分されるため，飛程よりも CSDA 飛程は長くなる．一方，重荷電粒子の場合は，物質中をほぼ直進するため，重荷電粒子の CSDA 飛程は，飛程のよい近似となる．

　ICRU Report 49 において，陽子の CSDA 飛程の数表がさまざまな物質に対し質量阻止能とともに与えられている．陽子の水中での CSDA 飛程を図 4.34 に示す．また，陽子線治療に関係するエネルギー領域に対し，質量阻止能と CSDA 飛程の数値を表 4.4 に示す．

　CSDA 飛程の数表を用いて，ある運動エネルギーで入射した荷電粒子に関し，到達深度と，その深度での荷電粒子のエネルギーを関係づけることができる．荷電粒子の入射運動エネルギーを E_K^0 とし，深さ x に達したときの運動エ

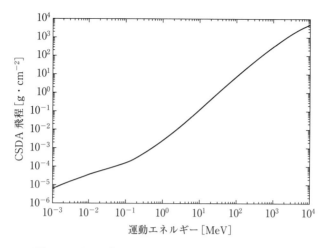

図 4.34 陽子の水中での CSDA 飛程 (ICRU Report 49)

表 4.4 陽子の水中での質量阻止能と CSDA 飛程 (ICRU Report 49)

エネルギー [MeV]	質量阻止能 [MeV·cm²/g]	CSDA 飛程 [g/cm²]
10	45.64	0.1230
20	26.05	0.4260
30	18.75	0.8853
40	14.87	1.489
50	12.44	2.227
60	10.78	3.093
70	9.555	4.080
80	8.622	5.184
90	7.884	6.398
100	7.286	7.718
125	6.190	11.46
150	5.443	15.77
175	4.901	20.62
200	4.491	25.96
250	3.910	37.94
300	3.519	51.45
350	3.240	66.28
400	3.031	82.25

ネルギーを E とすると，以下の関係式が成り立つ．

$$x + R_{\text{CSDA}}(E) = R_{\text{CSDA}}(E_K^0) \tag{4.95}$$

すなわち，入射運動エネルギー E_K^0 の粒子は $R_\text{CSDA}(E_K^0)$ まで進んで止まるが，一方，この荷電粒子が深さ x に達したときの運動エネルギーを E とすると，粒子は x からさらに $R_\text{CSDA}(E)$ だけ物質中を進むことができる．たとえば，表 4.4 において，100 MeV，200 MeV の CSDA 飛程がそれぞれ 7.718 g/cm^2，25.96 g/cm^2 であるから，200 MeV の運動エネルギーで水中に入射した陽子は，25.96−7.718＝18.24 g/cm^2 の位置にあるとき，運動エネルギーが 100 MeV となる．さらに，数表から質量阻止能を読み取ると，このとき，質量阻止能が 7.286 MeV·cm^2·g^{-1} であることがわかる．この深さ x における質量阻止能は，単位面積当たり 1 粒子が入射する場合，位置 x における単位質量当たりのエネルギー付与，すなわち深部線量を意味する．この方法を用いると，CSDA 飛程と質量阻止能の数表から，図 4.35 のような深部線量分布を作図できる．ただし，荷電粒子平衡を仮定して，発生した電子のエネルギーがすべて発生位置で吸収されると仮定する．この仮定は照射野が十分広い場合によい近似で成り立つ．

陽子以外の粒子に対する CSDA 飛程は陽子の CSDA 飛程から以下の関係式で得られる．重荷電粒子の場合，$S(E)$ は式（4.84）で表される．運動量とエネルギーの関係式 $E=mv^2/2$ を用いて，S のパラメータ依存性を明記すると，$S(z,E/m)$ と書けるから，電荷 z，質量 m の重荷電粒子の CSDA 飛程 R_CSDA

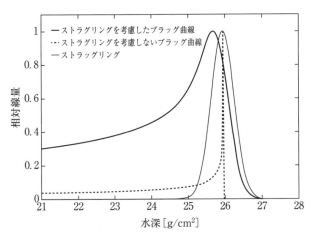

図 4.35　エネルギー 200 MeV の陽子の水中でのブラッグピーク

は，単純な積分変数の変換により，陽子のCSDA飛程と以下のように関係付けられる．

$$R_{\text{CSDA}}(E_K) = \int_0^{E_K^0} \frac{dE_K}{S\left(z, \dfrac{E_K}{m}\right)} = \frac{1}{z^2} \frac{m}{m_p} \int_0^{m_p E_K^0/m} \frac{dE_K}{S\left(1, \dfrac{E_K}{m_p}\right)}$$

ここで，m_p は陽子の質量を表し，右辺の積分値は，入射運動エネルギーが $m_p E_K^0/m$ の陽子のCSDA飛程である．運動エネルギー E_K の陽子のCSDA飛程を $R_{\text{CSDA}}^{陽子}(E_K)$ と表記すると，上式は

$$R_{\text{CSDA}}(E_K) = \frac{1}{z^2} \frac{m}{m_p} R_{\text{CSDA}}^{陽子}\left(\frac{E_K}{\dfrac{m}{m_p}}\right) \tag{4.96}$$

となる．したがって，質量 m，電荷 z，入射運動エネルギー E_K のCSDA飛程は，入射運動エネルギーが $m_p E_K/m$ の陽子のCSDA飛程の $m/(z^2 m_p)$ 倍である．

たとえば，核子当たり 400 MeV の運動エネルギー（400 MeV/u）の炭素イオン（電荷数 $z=6$）に対するCSDA飛程は，入射運動エネルギー $m_p E_K/m = 1 \times (400 \times 12)/12 = 400$ MeV の陽子のCSDA飛程の $m/(m_p z^2) = 1/3$ 倍となる．400 MeV の陽子線の水中のCSDA飛程は，$82.25 \text{ g} \cdot \text{cm}^{-2}$ であるから，炭素イオンの水中でのCSDA飛程は約 27.4 cm となる．同様に，炭素イオンの入射エネルギーを核子当たりのエネルギーで表した場合，炭素イオンのCSDA飛程は同じエネルギーの陽子線のCSDA飛程の 1/3 となる．

前述のとおり，CSDA飛程は荷電粒子の経路に沿った長さの平均値であるが，実際の粒子の相互作用は離散的かつ確率的に生じる．そのため重荷電粒子の到達深度は平均値の周りにばらつき，この現象を**ストラグリング**（straggling）という．到達深度のばらつきの確率は，CSDA飛程を中心とする正規分布で近似でき，陽子に対しては以下のようになる．

$$S(x) = \frac{1}{\sqrt{2\pi}\sigma} \exp\left(-\frac{(x - R_{\text{CSDA}}(E_K^0))^2}{2\sigma^2}\right) \tag{4.97}$$

$$\sigma = 0.012 \times R_{\text{CSDA}}(E_K^0) \tag{4.98}$$

ここで，$R(E_K^0)$ は入射運動エネルギー E_K^0 の飛程である．標準偏差は飛程に比

例し，飛程が長いほどばらつきの程度が大きくなる．

物質に入射した荷電粒子の深部線量分布は粒子線治療で重要となる．荷電粒子の阻止能は荷電粒子の速度に関し $1/v^2$ 依存性をもつため，物質を進むにつれ単位長さ当たりに物質に付与するエネルギーは増加し，静止する直前でピークをもつ．深部線量分布において，静止直前にエネルギー付与が示すピークを**ブラッグピーク**と呼ぶ．重荷電粒子の深部線量は，質量阻止能を用いて

$$D(x) = \int \frac{d\Psi(x)}{dE} \left(\frac{1}{\rho} \frac{dE}{dx} \right) dE \tag{4.99}$$

で表される．ここで，$d\Psi(x)/dE$ は重荷電粒子のフルエンスのエネルギー密度関数であり，位置 x において，$E \sim E+dE$ のエネルギーをもつ粒子数が $(d\Psi(x)/dE)dE$ で与えられる．

ICRU Report 49 で与えられた質量阻止能および CSDA 飛程の数表から作成した深部線量分布を図 4.35 に示す．入射エネルギー 200 MeV の陽子に対し，式 (4.95) と質量阻止能の数表を用いて，位置 x における質量阻止能を作図したものを破線に示す．静止する付近で急激な線量付与のピークを示す．前述のとおり，実際の飛程にはストラグリングによる揺らぎが存在し，深さ x における粒子数は式 (4.97)，式 (4.98) で与えられる確率分布に従う．図 4.35 にストラグリングによる荷電粒子の広がりの相対分布を併せて示す．このストラグリングの確率分布に従って線量を加重平均した値を実線で示す．ストラグリングの効果により，一般にブラッグピークの位置は CSDA 飛程よりも前方に位置し，また，ピークの勾配は緩やかになる．陽子線の場合，ピーク後方，相対線量が約 80% となる位置がほぼ CSDA 飛程となる．

入射運動エネルギー 100 MeV，150 MeV，200 MeV の陽子線の水中深部線量分布を図 4.35 と同様にして作成したものを図 4.36 に示す．式 (4.98) に示すとおり，浅部は深部に比べストラグリングの広がりが小さいため，線量がぼやける度合いが小さくなり高いピークを示す．また，ピーク以降の線量降下も浅部ほど急峻になる．ただし，図 4.36 は，ICRU Report 49 で与えられる CSDA 飛程および質量阻止能と，ストラグリングの関係式である式 (4.97)，式 (4.98) のみから作図したものであり，原子核による弾性散乱，核反応，ビーム上流に設置した減弱体および空気による減弱，実効焦点からのビームの広

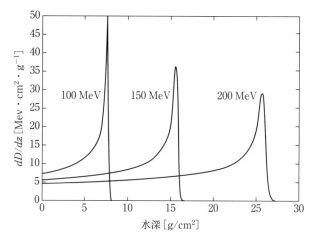

図 4.36 エネルギー 100 MeV, 150 MeV, 200 MeV の陽子の水中でのブラッグピーク

がりの影響等は考慮していない．これらの効果のため，実際の治療装置での測定値では，ピークの位置はより浅部に位置し，ピーク長は低く，ピークまでの勾配も緩やかとなる．

4.4 中性子

4.4.1 分類と呼称

中性子（neutron）は陽子とともに原子核の構成粒子であり，電荷 0，質量は 1.675×10^{-27} kg であり，統一原子質量単位で表すと約 1.00866 u となる．静止エネルギーは 939.6 MeV である．電荷をもたないため，物質構成原子の軌道電子にクーロン力を及ぼさず，核力を通じて原子核と相互作用をする．また，原子核外において単独で存在する場合は不安定であり，約 15 分の平均寿命で陽子と電子および反電子ニュートリノに崩壊する．

中性子と物質の相互作用の種類は中性子のエネルギーに依存するため，ここで中性子のエネルギーを以下に分類しておく．**熱中性子**（thermal neutron）は周囲の媒質の温度が室温のときに熱平衡状態にある中性子で，約 0.025 eV の平均エネルギーを有し，上限のエネルギーを 0.1 eV 程度とする．周囲の媒質の温度によって熱中性子のエネルギー分布 $\phi(E)$ は変化し，**マクスウェ**

ル・ボルツマン分布（Maxwell-Boltzmann distribution）に従い，次式で表される．

$$\phi(E) = \frac{2\pi n}{(\pi kT)^{3/2}} \left(\frac{2}{m}\right)^{1/2} E e^{-E/kT}$$

ここで，n は中性子密度，k はボルツマン定数，m は中性子の質量，T は媒質の絶対温度である．

0.025 eV のエネルギー E を有する熱中性子の速度 v は中性子を質量 m，1 eV=1.6×10^{-19} J とすると次式で表され，2185 m/s となる．

$$v = \sqrt{\frac{2E}{m}}$$

熱外中性子は熱中性子よりもエネルギーが高い中性子で，0.1 eV 以上 10 keV のエネルギーを有する．**速中性子**（fast neutron）は 10 keV よりエネルギーが高い中性子である．それぞれの境界エネルギーは分野によって異なることを付記しておく．

4.4.2 非弾性散乱

速中性子と原子核との主な相互作用は**弾性散乱**（elastic scattering）である．弾性散乱とは図 4.37 に示すように，中性子が標的核に弾性衝突して，標的核は運動エネルギーを得て反跳するとともに，中性子は運動エネルギーを失って散乱される現象のことをいう．

弾性散乱の前後では重心系座標における運動量と運動エネルギーが保存され

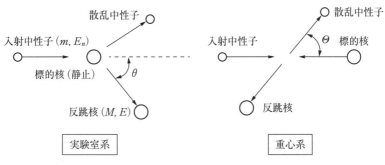

図 4.37　実験室系と重心系における中性子の弾性散乱

るため，質量 M の反跳核のエネルギー E は次式で与えられる．ここで，入射中性子のエネルギー，質量を E_n, m，重心系での中性子の散乱角を Θ とする．

$$E = \frac{2mM}{(m+M)^2}(1-\cos\Theta)E_n$$

反跳核の散乱角 θ を用いて，実験室系に変換すると次式で表される．

$$E = \frac{4mM}{(m+M)^2}\cos^2\theta E_n$$

よって反跳核に与えられるエネルギーは反跳核の散乱角によって決まる．中性子と質量がほぼ等しい陽子と正面衝突した場合，中性子はその運動エネルギーのほとんどを陽子に与えて反跳させ，中性子はその場で停止する．反跳した陽子は運動エネルギーを有した荷電粒子であるため，物質中の原子や分子を電離・励起しながら，飛程に沿ってそのエネルギーを失って停止する．一方，衝突する原子核の質量が重い場合，反跳した原子核のエネルギーは無視できるほど小さくなり，一方，中性子は運動エネルギーを有したまま散乱する．よって，速中性子は軽元素の物質中では散乱を繰り返し起こしながら自身のエネルギーを失っていくのに対し，重元素の物質中ではエネルギーを失いにくく透過しやすい性質がある．このため速中性子の遮蔽には水素を含んだ水やポリエチレンなどが用いられる．

主に約 500 keV 以上の運動エネルギーを有する速中性子が原子核と衝突すると，非弾性散乱を起こす．**非弾性散乱**（inelastic scattering）とは中性子が原子核に運動エネルギーを与える一方で，原子核を励起させて散乱する現象のことをいう．励起された原子核は短時間のうちに γ 線などを放出しながら基底状態へと遷移する．原子核の励起エネルギーよりも低いエネルギーの中性子が入射しても非弾性散乱は起こさないため，**しきいエネルギー**（threshold energy）を有する散乱である．

4.4.3 捕　　獲

熱外中性子よりも低いエネルギーの中性子は原子核に衝突しても散乱を起こさずに，原子核に捕獲されやすくなる．捕獲される確率に相当する量を捕獲断面積と呼ぶ．単位は**バーン**（barn）である．代表的な例として，^{197}Au の捕獲

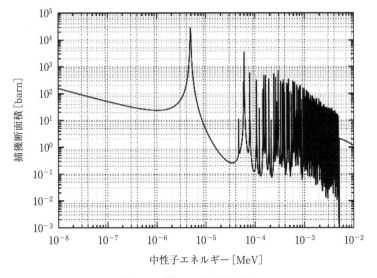

図 4.38　^{197}Au の捕獲断面積

断面積と中性子エネルギーの関係を図 4.38 に示す．捕獲断面積はエネルギーの 1/2 乗すなわち中性子の速度 v に反比例し，このことを $1/v$ 則と呼ぶ．中性子が原子核に捕獲された状態を複合核といい，その複合核は励起状態にあり，直ちに γ 線を放出して安定な状態になる．ここで放出される γ 線を即発 γ 線と呼ぶ．

熱外中性子のエネルギー領域では，特定の原子核に対し特定のエネルギーで高い確率で捕獲反応を起こすことがある．このような現象を**共鳴吸収**と呼ぶ．

原子核 A と粒子 a が衝突して，原子核 B と粒子 b が発生する現象を A(a, b)B と書く．たとえば ^{10}B が中性子を捕獲して，He 原子核（アルファ粒子）と Li 原子核を放出する反応を ^{10}B(n, α) ^{7}Li と表す．

4.4.4 減　　弱

速中性子は，弾性散乱や非弾性散乱によって減弱することから，減弱係数 μ を用いて，以下の式で減弱を表すことができる．

$$I = I_0 e^{-\mu x}$$

I は I_0 のビーム強度をもつ速中性子が，厚さ x の物質を透過した後のビーム

強度である．

さらに速中性子は物質内で散乱を繰り返し，速中性子は熱外から熱中性子へと減速し，最終的には物質内の原子核に捕獲される．

演習問題

4.1　30 MeV の光子と水との主な相互作用はどれか．2 つ選べ．
1. 光核反応
2. 光電吸収
3. 干渉性散乱
4. 電子対生成
5. コンプトン散乱

4.2　光電吸収で正しいのはどれか．
1. 吸収端は軌道電子の結合エネルギーに等しい．
2. 質量当たりの断面積は原子番号の 2 乗に比例する．
3. 質量当たりの断面積は光子エネルギーに逆比例する．
4. L 吸収端は K 吸収端より高い光子エネルギーで生じる．
5. 光子エネルギーが高いほど反跳電子は後方に放出される．

4.3　0.511 MeV の入射光子が 180° 方向にコンプトン散乱した場合のエネルギーはどれか．
1. 0.102　2. 0.128　3. 0.170　4. 0.256　5. 0.511

4.4　^{65}Cu の (γ, n) 反応のしきいエネルギー（MeV）はどれか．
1. 7.4　2. 8.1　3. 9.9　4. 12.4　5. 13.1

4.5　10^4 個の光子が 1 mm 厚さのグラファイト板に垂直に入射した．グラファイト板中で相互作用する光子数はどれか．
ただし，グラファイトの質量減弱係数は 6.67×10^{-2} cm^2 g^{-1}，密度は 2.25 g cm^{-3} とする．
1. 67　2. 150　3. 296　4. 667　5. 7 036

4.6 1 keV の運動エネルギーをもつ電子のド・ブロイ波長 [nm] はいくらか.
1. 0.00388　2. 0.0388　3. 0.124　4. 1.24　5. 12.4

4.7 電子が原子に衝突して起こる過程で正しいのはどれか.
1. 弾性散乱では,電子の運動エネルギーは変化しない.
2. 単一衝突での電離エネルギーは励起エネルギーよりも大きい.
3. 電子は原子核とのクーロン衝突で特性 X 線を放出する.
4. 電離断面積は,電子エネルギーの増加とともに増加する.
5. 原子内で外殻軌道に電子がある場合,より内側の内殻軌道電子が原子外へはじき出されることはない.

4.8 陽電子消滅に関する記述で正しいのはどれか.
1. 陽電子は光子と衝突して消滅する.
2. 高エネルギーの陽電子ほど消滅し易い.
3. SPECT (single photon emission computed tomography) で用いられる現象である.
4. 消滅前の陽電子の運動エネルギーに等しい γ 線が放射される.
5. 放出される 2 本の γ 線のエネルギーはそれぞれ 0.511 MeV である.

4.9 阻止能について正しい記述はどれか.
1. 荷電粒子が物質に付与する単位質量あたりのエネルギーを表す.
2. 荷電粒子のエネルギーが大きいほど衝突阻止能が大きい.
3. 衝突阻止能に対する放射阻止能の比は,ほぼ原子番号に比例的して大きくなる.
4. 物質の密度で除した質量阻止能であれば物質の相(気相や液相)に依らない.
5. 衝突阻止能の式に含まれる平均励起エネルギー (I) は,電離エネルギーしきい値と等しい.

4.10 物質中を進行する電子について正しいものはどれか.
1. 電子は物質中を直線的に進む.
2. csda 飛程は射影飛程よりも短い.

3. csda 飛程の算出には放射阻止能は含まれない．
4. 同じ物質であれば，物質内の原子密度が大きい程，電子の飛程は短い．
5. 電子エネルギーと射影飛程の関係式は，電子エネルギーに依らない．

4.11 重荷電粒子の阻止能 S と飛程 R に関し，重荷電粒子の電荷 z，質量 m，運動エネルギー E 依存性が以下であることを示せ．

$$S \propto \frac{mz^2}{E}, \quad R \propto \frac{E^2}{mz^2}$$

4.12 運動エネルギー 400 MeV の α 線の水中での飛程を求めよ．

4.13 同一速度の陽子，α 線，炭素イオン（z=6）の飛程を R_p, R_α, R_C とするとき，R_α, R_C はそれぞれ R_p の何倍となるか．

4.14 重荷電粒子と物質の相互作用で正しいのはどれか．
1. 核破砕が生じる．
2. 電子との衝突で大きく散乱する．
3. α 粒子の阻止能は同じ運動エネルギーの陽子の約 4 倍である．
4. 飛程は物質の密度に比例する．
5. 放射損失は重荷電粒子の質量に比例する．

4.15 重荷電粒子と物質の相互作用で正しいのはどれか．
1. 電子との弾性散乱でエネルギーを失う．
2. 衝突損失はエネルギーに比例する．
3. 衝突損失は荷電数に反比例する．
4. 阻止能は速度の 2 乗に比例する．
5. 運動エネルギーが同一の α 線と陽子線は同じ飛程である．

4.16 中性子について誤っているのはどれか．
1. 安定であり崩壊することはない．
2. 熱中性子のエネルギーはマクスウェル・ボルツマン分布に従う．
3. ^{10}B は中性子捕獲反応により ^{7}Li を発生する．
4. 非弾性散乱はしきいエネルギーを有する散乱である．

5. 間接電離放射線である．

4.17 中性子について正しいのはどれか．
1. 直接電離放射線である．
2. 室温で熱平衡状態のとき，熱中性子の平均エネルギーは 0.025 eV である．
3. 非弾性散乱はしきいエネルギーを有する散乱である．
4. β^- 壊変する．
5. 原子核のクーロン場で散乱する．

4.18 中性子について正しいのはどれか
1. 熱中性子で $^{10}B(n,\alpha)\,^7Li$ 反応がおこる．
2. 室温における熱中性子の平均エネルギーは約 0.25 eV である．
3. 原子核外において陽子と電子及び反電子ニュートリノに崩壊する．
4. 速中性子の遮蔽には水よりも鉛が適している．
5. 高速中性子は水素の原子核と弾性散乱をおこす．

4.19 0.025 eV のエネルギーを有する熱中性子の速度（m/s）を求めよ．
ただし，中性子の質量は 1.7×10^{-27} kg, 1 eV$=1.6\times10^{-19}$ J とする．
1. 5.2×10^{-10}　　2. 2.3×10^{-5}　　3. 1.6×10^3　　4. 2.2×10^3
5. 2.4×10^6

4.20 速中性子の減速材として適しているのはどれか
1. 水　　2. 鉄　　3. 鉛　　4. ポリエチレン　　5. アルミニウム

〈参考文献〉
1) Berger MJ and Hubbell JH : XCOM : Photon cross sections on a personal computer, NBSIR 87-3597, 1987
2) Berger MJ, Hubbell JH, Selzter SM, et al. : NIST Standard Reference Database 8 (XGAM), https://www.nist.gov/pml/xcom-photon-cross-sections-database, 2010
3) Hubbell JH, Veigele WJ, briggs EA, et al. : Atomic form factors, inchoherent

scattering functions, and photon scattering cross sections, J. Phys. Chem. Ref. data, 4, 471-538, 1975
4) Davisson CM and Evans RD: Gamma-ray absorption coefficients, Reviews of modern physics, 24, 79-107, 1952
5) Attix FH: Chapter 7 Gamma- and x-ray interaction in matter, Introduction to radiological physics and radiation dosimetry, 124-159, John Wiley & Sons, New York, 1986
6) Heitler W: The quantum theory of radiation, 123, Oxford University Press, New York, 1936
7) Kahoul A, Abassi A, Deghfel B, et al. : K-shell fluorescence yields for elements with $6 \leq Z \leq 99$, Radiation Physics and Chemistry, 80, 369-377, 2011
8) Shibuya K, Yoshida E, Nishikido F, et al. : Annihilation photon acollinearity in PET: volunteer and phantom FDG studies, Phys. Med. Biol., 52, 5249-5261, 2007
9) Podgoršak EB: Chapter 7 Interaction of photons with matter, Radiation physics for medical physicists 2nd ed., 277-427, Springer, Berlin, 2010
10) Chadwick MB, Oblozinsky P, Blokhin AI, et al. : Handbook on photonuclear data for applications cross-sections and spectra, Final report of a co-ordinated research project 1996-1999, IAEA-TECDOC-1178, IAEA, Vienna, 2000
11) 日本原子力研究開発機構：JENDL Photonuclear data file 2004
12) ICRU: Fundamental Quantities and Units for Ionizing Radiation. ICRU Report 85, Journal of the ICRU 11, 2011
13) 国立天文台編：理科年表，2017
14) Uehara S., et al. : Phys. Med. Biol., 38, 1841-1858, 1993
15) Kyriakou I., et al. : Med. Phys., 42, 3870-3876, 2015
16) Seng G. and Linder F. : J. Phys. B: At. Mol. Phys., 7, 2539-2511, 1976
17) El-Zein A.A. et al. : J. Phys. B: At. Mol. Opt. Phys., 33, 5033-5044, 2000
18) Märk T.D., et al. : IAEA-TECDOC 799 "3. Electron Collision Cross Sections", 163-275, 1995
19) Melton C.E. : J. Chem. Phys., 57, 4218-4225, 1972
20) 高柳和夫：電子・原子・分子の衝突［改訂版］，培風館，1995
21) Nikjoo H., et al. : Interaction of Radiation with Matter, CRC Press, 2012
22) Taniguchi T., et al. : J. Phys. D: Appl. Phys., 20, 1085-1087, 1987

23) ICRU Report 37: Stopping Powers for Electrons and Positrons, ICRU, 1984
24) ハイトラー，沢田克郎 訳：輻射の量子論［第3版］，吉岡書店，1957
25) Johns H.E., Cunningham J.R. : The Physics of Radiology, 4th Edition, Charles C Thomas Publisher, 1983
26) Turner J.E. : Atoms, Radiation, and Radiation Protection, 3rd Completely Revised and Enlarged Edition, Wiley-VCH, 2007
27) ICRU Report 36: Microdosimetry, ICRU, 1983
28) 日本アイソトープ協会編：アイソトープ手帳 第11版，丸善，2011
29) Berger et al. : Stopping powers and ranges for protons and alpha particles. ICRU Report 37, 1984
30) Berger et al. : Stopping powers and ranges for protons and alpha particles. ICRU Report 49, 1993
31) Berger et al. : ESTAR, PSTAR, and ASTAR: Computer Programs for Calculating Stopping-Power and Range Tables for Electrons, Protons, and Helium Ions (version 1.2.3). ［Online］ Available: http://physics.nist.gov/Star ［2017, May 20］. National Institute of Standards and Technology, 2005
32) Paganetti: Proton Therapy Physics, CRC Press, 2012
33) Podgorsak: Radiation Physics for Medical Physicists Second Edition, Springer, 2009
34) Goiten: Radiation Oncology: A Physicist's-Eye View, Springer, 2008
35) フェルミ：(小林稔 他訳)：原子核物理学，吉岡書店，2008
36) 山本祐靖：高エネルギー物理学，培風館，1973
37) 遠藤真広 他編：放射線物理学，オーム社，2006

5 超音波

5.1 音　速

5.1.1 縦波・横波

　音波は，弾性体である媒質の振動が伝播する現象である．媒質の振動方向が波の伝搬方向に対して平行であるものを縦波といい，垂直であるものを横波という（図5.1）．

　媒質の状態（気体，液体，固体）により縦波が伝播できるか，横波が伝播できるかが決まる（表5.1）．縦波は，医用分野で断層像を得るために利用される．縦波では，弾性体や流体などの媒質の一部に圧力が加わって局所的な密度変化が生じ，これが媒質内を伝わる．疎なところと密なところが交互にできるために疎密波ともいう．　また，物質の状態の変化に伴い，干渉，屈折，散乱

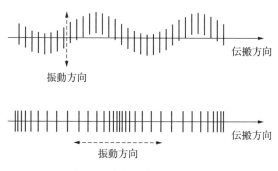

図5.1　伝播方向と振動方向

表 5.1　媒質の状態による音波の伝搬

	縦波	横波
気体	可	不可
液体	可	不可
固体	可	可

および反射の現象が見られる．

一般に，**超音波**（ultrasonic）とは振動数（周波数）が 20000 [Hz]（または [1/s]）以上の周波数の音波をいう．音源が単一の点音源の場合には，球面波として伝搬する．波源からの距離が大きくなるに従って，振幅は波源からの距離に反比例し減衰する．波源から十分離れた地点では波面の曲率が平面に近くなるため，平面波として近似することができる．

5.1.2　音　　速

音速（speed of sound）とは，媒質中を波動として伝わる音の速さである．媒質自体が振動することで伝搬するため，音速は音を伝える媒質の性質に依存するが周波数には依存しない．音速 c は音波の周波数 f と波長 λ の積である．

$$c = f\lambda \tag{5.1}$$

音速は一定なので，周波数の増加とともに波長は減少する．超音波診断では，縦波が用いられる．気体・液体中の縦波では，媒質の密度 ρ [kg/m³]，体積弾性率 K [N/m²]，音速 c [m/s] の間には

$$c = \sqrt{\frac{K}{\rho}} \tag{5.2}$$

の関係がある．表 5.2 に代表的な物質の音速，密度，体積弾性率を示す．

表 5.2　代表的な物質の音速，密度，体積弾性率

物質	音速 [m/s]	密度 [kg/m³]	体積弾性率 [N/m²]
空気	330	1.29	1.4×10^5
ヘリウム	978	0.178	1.7×10^5
水	1483	1000	2.2×10^9
鉄	5291	7860	2.2×10^{11}

5.2 減　衰

5.2.1 超音波の強さ

超音波の**強さ**（**強度**）は，超音波ビームのエネルギーの指標であり，単位時間に単位面積を通過する音のエネルギー量で定義される．その強さの単位は$[W/cm^2]$である．超音波の相対的な強さは，対数スケール

$$10 \times \log_{10} \frac{I}{I_0} \quad [\text{dB}] \tag{5.3}$$

で表現される．ここでI_0は基準となる強度で，Iは対象となる強度を指す．この単位は[B]（ベル）で表現される．補助単位として1 B＝10 dB（デシベル）がある．超音波の相対的な強さの値が，負は減衰を，正は増幅を表す．強度が半分に減衰することは，－3 dBに対応する．また，強度が10％は－10 dB，1％は－20 dBである．逆に，強度が倍に増幅されることは，＋3 dBに対応する．また，強度が10倍は＋10 dB，100倍は＋20 dBである（図5.2）．

超音波の強さIと音圧Pの関係は音響インピーダンスzを介して

$$I = \frac{P^2}{z} \tag{5.4}$$

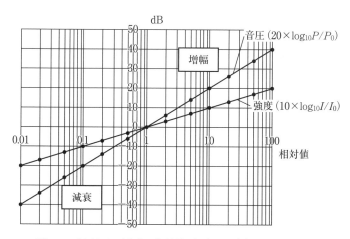

図5.2　音圧および強度の相対値（P/P_0, I/I_0）とdBの関係

の関係がある．音圧については5.2.2項，音響インピーダンスについては5.3.1項で詳細を述べる．式 (5.3) に式 (5.4) を代入すると音響インピーダンスは一定なので

$$10\times\log_{10}\frac{I}{I_0}=10\times\log_{10}\frac{P^2/z}{P_0^2/z}=10\times\log_{10}\left(\frac{P}{P_0}\right)^2=20\times\log_{10}\left(\frac{P}{P_0}\right) \quad (5.5)$$

となる．このことより，超音波の相対的な音圧のデシベル表現は，超音波の強さのデシベル表現の2倍になる．つまり，音圧が半分に減衰することは，-6 dBに対応する．また，音圧が10%は-20 dB，1%は-40 dBである．逆に，音圧が倍に増幅されることは，$+6$ dBに対応する．また，音圧が10倍は$+20$ dB，100倍は$+40$ dBである．

5.2.2 超音波の減衰

超音波は媒質中を伝搬するにつれ，いくつかの要因で超音波の強度が減衰（減弱）する．その減衰には，**散乱減衰**，**吸収減衰**と**拡散減衰**がある．吸収減衰は，媒質中の微小粒子が振動して超音波を伝える際に，超音波のエネルギーの一部が熱エネルギーに変わることで生じる．媒質の種類によって吸収減衰の程度は変わるが，水中での吸収減衰はほとんど無視できる．超音波の波長よりも微小粒子の径が小さい不均一な物質内では，反射と異なる散乱減衰が起こる．散乱減衰の大きさは，不均一物質を構成する微小粒子の径や数により変化する．拡散減衰は，前述の距離の逆2乗の法則による減衰である．超音波を平面音源からビーム状にして放射する場合には，拡散減衰は無視できる．

表5.3 生体組織を含むいくつかの物質の音響インピーダンスなどの音響特性

物質	音速 c [m/s]	密度 ρ [kg/m^3]	減弱係数 [dBcm^{-1}MHz^{-1}]	音響インピーダンス z [kg/(m^{2}s)$\times 10^6$]
空気	330	0.00129	12	0.0004
脂肪	1450	0.97	0.63	1.38
水	1540	1.00	0.0022	1.54
腎臓	1560	1.04	1.0	1.62
血液	1570	1.03	0.18	1.61
筋肉	1585	1.06	1.2	1.70
骨	2700〜4100	1.38〜1.78	3〜10	3.8〜7.8
金属	>4000	—	<0.02	>30.0

(Review of Radiologic Physics, Walter Huda et.al. を引用改編)

5.2 減衰

超音波の減衰は，振幅，**音圧**，エネルギー密度などいくつかの表記がある．ここでは，音圧を使って説明する．音圧の単位は，**Pa（パスカル）**である．$1\,m^2$ 当たりに加わる力で定義される．したがって，$1\,Pa=1\,N/m^2=1\,kg/(ms^2)$ となる．均一媒質中で，音圧 P の超音波が x 方向に一定周波数の平面波として伝搬する場合，距離 x を通過後の音圧 P_x は

$$P_x = Pe^{-\alpha x} \tag{5.6}$$

で表される．ここで，α は減衰係数と呼ばれ，対数減衰率であり単位は [neper/m]（[Np/m]）である．つまり，式 (5.6) で $P_x/P=e^{-\alpha x}=e^{-1}$ となる減衰係数である．換言すれば，超音波が $1\,m$ 進み，音圧が e^{-1} に減衰するときの減衰係数を指す．dB との間には $1\,Np/m=8.68\,dB/m$ の関係がある．この関係は，式 (5.3) に式 (5.4) を代入することにより容易に得られる．軟部組織の減衰係数（表 5.3）の周波数依存性は比例関係にあり，高周波ほど減衰を受ける．軟部組織の場合，$1\,MHz$ の超音波の減衰は $1\,dB/cm$ 程度であるため，$5\,MHz$ では約 $5\,dB/cm$，$10\,Hz$ では約 $10\,dB/cm$ である．散乱減衰と吸収減衰と比較し，吸収減衰が主な場合には，減衰した超音波エネルギーは熱エネルギーに変換される．

表 5.3 に示した減弱係数は単位が [$dBcm^{-1}MHz^{-1}$] で表現されているため，式 (5.6) で定義された扱いとは異なる．この表現の減弱係数の具体的な使用例を示す．周波数 $3\,MHz$ の超音波を筋肉（$1.2\,dBcm^{-1}MHz^{-1}$）に入射させ，深さ $5\,cm$ での超音波の強度の減弱の大きさは

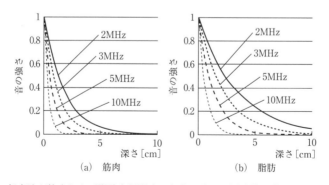

(a) 筋肉　　　　　　　(b) 脂肪

図 5.3 超音波が筋肉および脂肪を通過するときの強さの周波数の違いによる減弱曲線
（減弱係数は表 5.3 の値を使用，表面の音の強さを 1 と規格化している）

(減弱の大きさ) = $(1.2\,\mathrm{dBcm^{-1}MHz^{-1}}) \times 5\,\mathrm{cm} \times 3\,\mathrm{MHz} = 18\,\mathrm{dB}$
となる.減弱なので,$-18\,\mathrm{dB}$を式 (5.3) に入れて,$-18 = 10 \times \log_{10} I/I_0$ より $I/I_0 = 0.016$ となる.つまり,周波数 3 MHz の超音波は,筋肉を 5 cm 通過すると強度は 1.6% に減衰する.図 5.3 には,超音波が筋肉および脂肪を通過するときの音の強さの周波数の違いによる減弱曲線を示す.減弱係数は表 5.3 の値を使用し,表面の音の強さを 1 と規格化している.軟部組織を 5 cm 通過すると,強さは 20% 以下に減弱することがわかる.

5.3 音響インピーダンスと反射透過

5.3.1 音響インピーダンス

物質の音響特性を表す量として**音響インピーダンス**(acoustic impedance)がある.音響インピーダンス $z\,[\mathrm{kg/(m^2 s)}]$ は

$$z = \rho c \tag{5.7}$$

で定義される.ここで,ρ は媒質の密度 $[\mathrm{kg/m^3}]$,c は媒質中の音速 $[\mathrm{m/s}]$ である.表 5.3 には生体組織を含むいくつかの物質の音響インピーダンスなどの音響特性を示す.診断領域の超音波の周波数範囲では,音響インピーダンスは周波数に依存せず一定である.空気や肺組織では低い値,骨は高い値をもつ.軟部組織は $1.6 \times 10^6\,\mathrm{kg/(m^2 s)}$ 付近の値をもつ.

5.3.2 超音波の反射と透過

一様な媒質を伝搬する超音波は直進する.一方,異なる媒質の境界を横切る場合には,超音波の一部は物資の境界で反射や屈折をする.超音波が音源に向かって後方に反射される音波を**エコー**と呼ぶ.このエコーは超音波画像を作成するのに利用され重要である.ここで,媒質 A 中を伝搬してきた波が媒質 B に進行する場合を考える(図 5.4).反射される割合は,反射角に依存する.入射角を徐々に大きくしていくと,ある入射角で屈折角が 90° となる.この入射角を臨界角という.また入射角が臨界角を超えると,透過波はまったくなくなりこの現象を全反射と呼ぶ.また,光の反射と同じように入射角と反射角は同じ角度である.

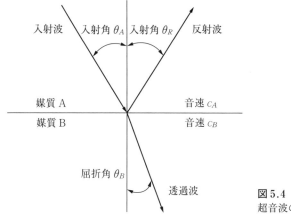

図5.4
超音波の反射と屈折

入射波の一部は，反射されず**透過波**として媒質Bを進行する．また透過波は境界面で屈折して伝搬する．屈折角はスネルの法則で決まる．

$$\frac{\sin \theta_A}{\sin \theta_B} = \frac{c_A}{c_B} \tag{5.8}$$

ここで，θ_A, θ_B は入射角および屈折角である．また，c_A, c_B は媒質Aおよび媒質Bでの音速である．超音波が境界面を通過するとき，境界の両側で粒子速度が等しく，音圧が等しいという境界条件を満足する必要がある．ここで**粒子速度**とは媒質の運動の速度を指し，粒子速度と音速は異なる．一般に，粒子速度は音速よりはるかに小さい．この境界条件に境界面へ垂直に入射する条件を加えて**音圧反射率**（反射波音圧／入射波音圧）および**音圧透過率**（透過波音圧／入射波音圧）を求める．反射率 R は

$$R = \frac{z_B - z_A}{z_A + z_B} \tag{5.9}$$

である．また，透過率 T は

$$T = \frac{2z_B}{z_A + z_B} \tag{5.10}$$

である．人体組織で2つほど具体的に反射率と透過率を計算してみる．例1として，筋肉（$z_A = 1.70 \times 10^6 \text{ kg/(m}^2\text{s)}$）から肺（$z_B = 0.0004 \times 10^6 \text{ kg/(m}^2\text{s)}$）へ超音波が進行したときの反射率は99.95%，透過率は0.05%である．例2で

は，心臓筋肉（$z_A=1.70\times 10^6$ kg/(m^{2}s)）から心臓内血液（$z_B=1.61\times 10^6$ kg/(m^{2}s)）へ超音波が進行したときの反射率は2.7％，透過率は97.3％である．例2のように音響インピーダンスの値が近い媒質間では反射率は小さく，大部分は透過する．逆に，例1で示すように，音響インピーダンスの差が大きいほど反射率は大きく透過率は小さい．このような場合には，境界より深部では超音波の伝搬がわずかで音響陰影（シャドウ）が生じる．音波の強度でも**反射率**（反射波強度／入射波強度）および**透過率**（透過波強度／入射波強度）を定義できる．反射率 R は

$$R=\left(\frac{z_B-z_A}{z_A+z_B}\right)^2 \tag{5.11}$$

である．また，透過率 T は

$$T=\frac{4z_A z_B}{(z_A+z_B)^2} \tag{5.12}$$

である．以上の関係式からわかるように，反射波・透過波の大きさの割合は，超音波の周波数に無関係で，2つの媒質の音響特性インピーダンスに依存する．

5.4 ドプラ効果

ドプラ効果（Doppler effect）とは，波の発生源と観測者との相対的な速度によって，波の周波数が異なって観測される現象のことをいう．観測者も音源も同一直線上を動き，音源 S（source）から観測者 O（observer）に向かう向きを正とすると，観測者が観測する音波の振動数 f は

$$f=f_0\times\frac{C-v_0}{C-v_s} \tag{5.13}$$

となる．ここで，f は観測者が観測する振動数，C は音速，f_0 は音源の振動数，v_0 は観測者の速度，v_s は音源の速度とする．波の発生源が近づく場合には波の振動が詰められて周波数が高くなり，逆に遠ざかる場合は振動が伸ばされて周波数は低くなる．

ドプラ効果の応用として，超音波診断での**血流速度の測定法**について述べ

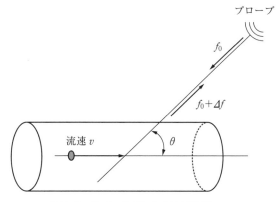

図 5.5 ドプラ効果による流速計測

る．図 5.5 のように音源（プローブ）からの超音波の進行方向と血流（速さ v）の方向との間の角度を θ とする．血液中の超音波の反射体は赤血球であるため，観測者は赤血球である．音源は静止しているので $v_s=0$，観測者である赤血球は音源に近づくので $v_0=-v\cos\theta$ である．これを式（5.13）に代入すると

$$f_\text{赤}=f_0\times\frac{C+v\cos\theta}{C} \tag{5.14}$$

となる．次に，赤血球は，この周波数の超音波を反射しプローブで受信されるので，音源は赤血球，観測者はプローブである．したがって，音源の周波数は $f_\text{赤}$，音源の速さ $v_s=v\cos\theta$，観測者は静止しているので $v_0=0$ となり，式（5.13）から

$$f=f_\text{赤}\times\frac{C}{C-v\cos\theta} \tag{5.15}$$

が得られる．この式に，式（5.14）を代入し

$$f=f_0\times\frac{C+v\cos\theta}{C-v\cos\theta} \tag{5.16}$$

が得られる．プローブでは，周波数 f_0 を送信し，周波数 f を受信するので周波数の変化量（周波数偏移）Δf は

$$\Delta f=f-f_0=f_0\times\frac{C+v\cos\theta}{C-v\cos\theta}-f_0=f_0\times\frac{2v\cos\theta}{C-v\cos\theta} \tag{5.17}$$

表5.4 超音波（3MHz, 5MHz）に対する周波数偏移量 [Hz] の角度および流速依存

	周波数 [MHz]	3	3	3	5	5	5
	角度	0°	30°	60°	0°	30°	60°
流速 [cm/s]	5	200	173	100	333	288	166
	10	400	346	200	666	577	333
	50	2000	1732	1000	3333	2886	1666
	100	4000	3464	2000	6666	5773	3333

$\Delta f = f \times (2v \cos \theta)/C$, $C = 1500/\text{s}$

である．軟部組織や血液中の音速は 1500 m/s 程度，一方，血流速度（頸動脈）の最大値は 1 m/s 程度であるため，前式の分母は c と近似でき，前式は

$$\Delta f = f_0 \times \frac{2v \cos \theta}{C} \quad (5.18)$$

となる．v を求めると

$$v = \frac{C}{2 \cos \theta} \times \frac{\Delta f}{f_0} \quad (5.19)$$

が得られる．この式で周波数偏移を測定することで流速を求めることができる．表5.4には，軟部組織として $C = 1500$ m/s を仮定して，超音波（3 MHZ, 5 MHz）に対する周波数偏移量 [Hz] の角度および流速依存を示す．

演習問題

5.1 超音波で誤っているのはどれか．
1. 疎密波である．
2. 球面波として伝搬する．
3. 周波数が低いほど減衰は大きい．
4. 音源からの距離の 2 乗に比例して減衰する．
5. 反射体の運動によって観測される周波数が変化する．

5.2 音響インピーダンスに影響を与えるのはどれか．2つ選べ．
1. 音圧　2. 音速　3. 周波数　4. 媒質体積　5. 媒質の密度

5.3 周波数 1 MHz の音波の波長で誤っているのはどれか．
1. 空気中では 0.3 mm である．

2. 軟部組織中では1.54 mm である．
3. 骨中では4.1 mm である．
4. 媒質には関係なく同じ波長である．
5. 媒質中の音速を波長で除した値である．

5.4 物質中の超音波の音速の組合せで誤っているのはどれか．
1. 空気 ―――― 330 m/s
2. 脂肪 ―――― 1450 m/s
3. 軟部組織 ―― 330 m/s
4. 骨 ―――― 3300 m/s
5. 水 ―――― 330 m/s

5.5 超音波の性質で誤っているのはどれか．
1. 干渉　2. 緩和　3. 屈折　4. 散乱　5. 反射

5.6 超音波の性質で正しいのはどれか．
1. 波長が長いほど減衰しやすい．
2. 周波数は音速と波長の積である．
3. 音速は媒質と温度によって異なる．
4. 音響インピーダンスは媒質の音速に反比例する．
5. 媒質間の音響インピーダンスの差が大きい境界面で減衰されやすい．

5.7 固有音速が大きい順に並んでいるのはどれか．
1. 肝臓 > 脂肪 > 筋肉
2. 筋肉 > 肝臓 > 脂肪
3. 筋肉 > 脂肪 > 肝臓
4. 脂肪 > 肝臓 > 筋肉
5. 脂肪 > 筋肉 > 肝臓

5.8 周波数 f [MHz] の超音波が減衰係数 μ [dBcm^{-1}MHz^{-1}] の物質を距離 z [cm] 通過した場合の減衰 [dB] はどれか．

1. $\mu z f$　2. $\dfrac{\mu z}{f}$　3. $\dfrac{z f}{\mu}$　4. $\dfrac{\mu f}{z}$　5. $\dfrac{\mu}{z f}$

5.9 音響インピーダンス Z_A の媒質 A から音響インピーダンス Z_B の媒質 B へ超音波が境界面へ垂直に入射する場合の音圧の反射率はどれか.

1. $\dfrac{2z_B}{z_A+z_B}$　　2. $\dfrac{z_B-z_A}{z_A+z_B}$　　3. $\dfrac{4z_Az_B}{(z_A+z_B)^2}$

4. $\dfrac{2z_Az_B}{(z_A+z_B)^2}$　　5. $\left(\dfrac{z_B-z_A}{z_A+z_B}\right)^2$

5.10 密度 1200 (kg/m³) と音速 400 (m/s) を持つ媒質の体積弾性率 (N/m²) はどれか.

1. 1.4×10^5　2. 1.7×10^6　3. 1.9×10^8　4. 2.2×10^9　5. 1.6×10^{11}

6 核磁気共鳴

6.1 共鳴周波数

6.1.1 磁気モーメントと核の磁気回転比

第2章で述べたように,原子核は核スピンと**磁気モーメント** μ(**磁気双極子モーメント**)(nuclear magnetic moment)をもっている.核スピンは整数もしくは半整数の値をもつ.これ以降,原子核の核磁気モーメントを磁気モーメントと略する.原子核は核子から構成されているため,核子の運動によって生じる磁気モーメントと核子自身のスピン磁気モーメントによって構成される.核子数が偶数の原子核で基底状態のスピンが0であれば,その原子核は核磁気モーメントをもたない.その理由は,殻模型では陽子や中性子は,互いに逆向きで対になり核磁気モーメントが打ち消されることによる.核子数が奇数の原子核は,その核は磁気モーメントをもち,微小磁石として振る舞う.陽子数および中性子数がともに偶数の原子核は,基底状態のスピンが0となるため,磁気モーメントは0である.一般に,原子番号が同じでも質量数が異なる原子核では,異なる磁気モーメントをそれぞれもつ.さらに,原子核の基底状態と励起状態では磁気モーメントが異なる.一般に,核スピンと異なり磁気モーメントは殻模型で示される不対の核子の磁気モーメント(Schmidt値)に必ずしも等しくならない.これは,核磁気モーメントが複雑な原子核構造を反映していることによる.そこで,核スピンと磁気モーメントは核の**磁気回転比** γ

(gyromagnetic ratio) を介して式 (2.23) $\mu = \gamma \dfrac{h}{2\pi} \boldsymbol{I} = \gamma \hbar \boldsymbol{I}$ で結ばれている. $\hbar$ はプランク定数 (1.05457×10^{-34} Js) である. 核の磁気回転比は, 原子核の固有の値をもつ. これ以降, 核の磁気回転比を磁気回転比と略する. 表 6.1 には, 生体計測に関係が深い代表的な元素の基底状態のスピン, 磁気回転比, 磁気モーメントを示す. 磁気モーメントの単位は, 陽子の電荷と質量を用いた**核磁子** (nuclear magneton)

$$\mu_N = \dfrac{e\hbar}{2m_p} = 5.508 \times 10^{-27} \quad [\mathrm{JT}^{-1}] \tag{6.1}$$

で記載している. e は電気素量, m_p は陽子の質量である. 表の磁気回転比の値は, 磁気モーメントの値を用いて式 (2.23) から計算されたものであり, 周波数表記と角周波数表記の両者を掲載した. ^{1}H の値は 42.57 MHz T^{-1} であるが, 角周波数表記では 26.75×10^7 rad T^{-1}s^{-1} となる. 磁気モーメントをもつ原子核からは, 後述の磁気共鳴信号が発生する. 磁気共鳴信号を発生する核種を**核磁気共鳴核種**と呼ぶ. 共鳴の語句を使う理由は, 核磁気共鳴核種を励起する際の電磁波の周波数がその核の歳差運動の回転周波数と同じであるため共鳴吸収を行うことに由来する. 詳しくは 6.1.3 項で述べる.

表 6.1 生体計測に関係が深い元素の基底状態のスピン, 磁気回転比, 磁気モーメント

元素	スピン量子数	磁気回転比		磁気モーメント μ
	[$\hbar$]	[MHzT^{-1}]	[10^7rad T^{-1}s^{-1}]	[μ_N]
^{1}H	1/2	42.57	26.75	+2.7928247
^{2}H	1	6.54	4.11	+0.857439
^{13}C	1/2	10.71	6.73	+0.702412
^{14}N	1	3.08	1.93	+0.40376
^{15}N	1/2	−4.32	−2.71	−0.28319
^{19}F	1/2	40.08	25.18	+2.628868
^{23}Na	3/2	11.27	7.08	+2.21752
^{31}P	1/2	17.25	10.84	+1.13160

(理科年表, 丸善出版より引用改編)

6.1.2 ゼーマン分裂と組織の磁化ベクトル

生体組織の体積 $1\,\mathrm{mm}^3$ 中にはおよそ 10^{20} 個の水素元素が存在する．水素原子核の磁気モーメントは，無作為に勝手な方向を向いている．そのため，これら微小体積中の水素原子核集団の**磁化ベクトル**はゼロである．原子核集団が**外部磁場**のない状態に置かれた場合においては，水素原子核集団のエネルギーは同じ（縮退）である．しかし，静磁場 B_0 が存在する場合には，**ゼーマン効果**（Zeeman effect）により縮退が解け，核スピン I のエネルギー準位は $+I$ から $-I$ までの $(2I+1)$ 個の準位に分裂する．そのエネルギー準位は

$$E_m = -m\gamma \frac{h}{2\pi} B_0 \tag{6.2}$$

である．ここで，γ は前述の磁気回転比である．水素原子核の場合には，$I=1/2$ のため，$(2I+1)=2$ 個に分裂する．$m=1/2$ のエネルギー準位は

$$E_{+1/2} = -\frac{1}{2}\gamma \frac{h}{2\pi} B_0 \tag{6.3}$$

$m=-1/2$ のエネルギー準位は

$$E_{-1/2} = +\frac{1}{2}\gamma \frac{h}{2\pi} B_0 \tag{6.4}$$

となる．つまり，$m=-1/2$ の準位が $m=1/2$ の準位よりエネルギーが高いことを示している．換言すれば，原子核は磁場の方向に沿う平行方向か，あるいは逆らう反平行方向に配列するが，磁場の方向に沿う並び方は逆らう並び方よりもエネルギー的に有利である．これ以降，磁場方向を z 軸とする．2つのエネルギー差つまり分裂の大きさは

$$\Delta E = E_{-1/2} - E_{+1/2} = \gamma \frac{h}{2\pi} B_0 \tag{6.5}$$

となる．磁場の積に比例して各軌道のエネルギーが変化する．この磁場によるエネルギー準位の分裂を**ゼーマン分裂**（Zeeman splitting）という（図6.1）．熱平衡状態では**ボルツマン分布**に従い，このエネルギーの低い有利な配向により多くの原子核が分布する．$m=-1/2$ の高いエネルギー準位を占める水素原子核数を $N_{-1/2}$，$m=+1/2$ の低いエネルギー準位を占める水素原子核数を $N_{+1/2}$ とすると，両者の比は

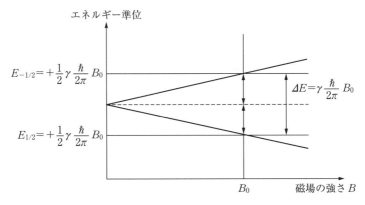

図 6.1 ゼーマン分裂．エネルギー準位は磁場により縮退が解け分裂する．分裂の大きさは磁場の強さに比例する．

$$\frac{N_{+1/2}}{N_{-1/2}} = e^{\frac{\Delta E}{k_B T}} \tag{6.6}$$

となる．ここで，k_B はボルツマン定数（1.38×10^{-23} JK^{-1}），T は絶対温度 [K]，ΔE は前述の分裂した準位のエネルギー差である．ここで，磁場強度 B_0 を 2 [T] と仮定すると，式 (6.5) は

$$\Delta E = \gamma \frac{h}{2\pi} B_0 = r\hbar B_0 = 42.57 \times 10^6 \left[\frac{1}{\mathrm{T \cdot s}}\right] \times 6.6261 \times 10^{-34}\,[\mathrm{Js}] \times 2\,[\mathrm{T}]$$
$$= 5.641 \times 10^{-26}\,[\mathrm{J}]$$

となる．また，水素元素が置かれている環境温度を 27℃ とすると

$$k_B T = 1.38 \times 10^{-23}\,[\mathrm{JK^{-1}}] \times 300\,[\mathrm{K}] = 4.00 \times 10^{-21}\,[\mathrm{J}]$$

となり，式 (6.6) は

$$\frac{N_{+1/2}}{N_{-1/2}} = e^{\frac{\Delta E}{k_B T}} = 1.000014$$

となる．この値が意味することは，200 万個の水素原子核で $m = +1/2$ の低いエネルギー準位はわずか 14 個だけ多いだけである．核磁気共鳴の信号強度を理解するために，2 つに分裂した準位に占める原子核数の差を和で除した量を計算すると

$$\frac{N_{+1/2} - N_{-1/2}}{N_{+1/2} + N_{-1/2}} \approx \frac{\Delta E}{k_B T} \tag{6.7}$$

と近似できる．**ラジオ波（RF）**の共鳴吸収により数の多い低いエネルギー準位から数の多い高いエネルギー準位へ共鳴吸収で励起される．励起により$N_{+1/2}=N_{-1/2}$になると飽和現象が起き，ラジオ波の吸収は止む．したがって，共鳴吸収で励起される数は，熱平衡状態でのボルツマン分布に戻る緩和数になる．つまり，上式は核磁気共鳴の信号強度を示す式で，$\varDelta E$ が大きいほど信号強度は増す．つまり，磁場が大きいほど信号強度は増す．共鳴吸収については6.1.4項で述べる．

6.1.3　ラーモア周波数

前項で磁場中の核磁気モーメントの向きは平行か反平行であると述べたが，量子力学で正確には核磁気モーメントは磁場方向に角度をもった方向に配列される（図6.2 (a)）．そのため，磁気モーメントと磁場方向とに直角方向にトルク（図 (a) 中の破線矢印）が働く．トルクとは軸の周りの力のモーメントである．トルクは**歳差運動**（precession motion）を引き起こす．この現象は，回転するコマの歳差運動と同じである．回転しているコマの軸が少し傾くと，重力により傾き角を一定に保ちながら，軸の上端が円運動を示す（図 (b)）．

歳差運動は，**首振り運動（みそすり運動）**とも呼ばれる．これをトルクの運動方程式で表現すれば $d\boldsymbol{\mu}/dt=\gamma\boldsymbol{\mu}\times\boldsymbol{B}$ となる．したがって，磁場 $\boldsymbol{B}$ 中の核の

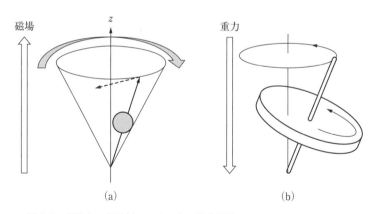

図6.2　磁場中の核磁気モーメントの歳差運動
　　（a）磁気モーメントは磁場の方向（z 軸）を軸にラーモア周波数で回転する．（b）回転するコマは鉛直軸の周りを回転する．

歳差運動の周波数はベクトル表記で

$$f_L = \frac{\gamma}{2\pi} \boldsymbol{B} \tag{6.8}$$

が得られる．ここでスカラー量 f_L はラーモア周波数と呼ばれる．また γ は 6.1.1 項で述べた磁気回転比である．磁気回転比は，磁気モーメントと全角運動量の比例関係を結び付ける定数であるが，磁場中の核磁気モーメントの歳差運動の回転周波数と比例関係にもある．式（6.8）は，ベクトル $\boldsymbol{f}_L$ はラーモア周波数の大きさを回転軸（z 軸）つまり磁場 $\boldsymbol{B}$ の方向にベクトル表記したものである．スカラー表記では $f_L = \frac{\gamma}{2\pi} B$ もしくは $\omega_L = \gamma B$ である．

6.1.4 共鳴周波数

式（6.5）で示したようにゼーマン分裂したエネルギー準位の差 ΔE のエネルギーを外部から**電磁波 RF** を加えると高いエネルギー準位に励起する．これを**核磁気共鳴**（**NMR**, nuclear magnetic resonance）という．つまり，ラーモア周波数と RF の周波数が一致したときに共鳴現象が起きる．共鳴周波数は静磁場の大きさに比例する．表 6.1 の磁気回転比の値に磁場の強さを掛けると共鳴周波数が得られる．^{1}H の値は 42.58 MHz T^{-1} なので，磁場が 3.5 T だと共鳴周波数は 149.03 MHz である．

6.1.5 磁化ベクトルの運動

図 6.3 には磁場中の核スピン 1/2 の原子核集団の核磁気モーメントの配位を示す．図中の実線矢印の 1 本は 1 個の原子核の核磁気モーメントを表している．すでに磁場中の核磁気モーメントの向きは平行か反平行であると述べたが，量子力学で正確には核磁気モーメントは図 6.3 の上下 2 つ円錐面に配列される．微小体積中には多数の原子核が存在するため，核磁気モーメントは無作為（均等に）に円錐面に配列される．そのため，平行および逆平行それぞれの核磁気モーメントの合成ベクトル $\boldsymbol{M}_1$ および $\boldsymbol{M}_2$ は，円錐中心を通る直線（歳差運動の回転軸）上に位置する（図 6.3（b））．前項で示したように熱平衡状態では $N_{+1/2} > N_{-1/2}$ なので，ベクトル $\boldsymbol{M}_1$ および $\boldsymbol{M}_2$ を合成した組織の磁化ベ

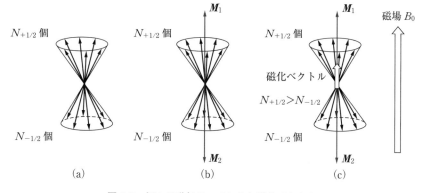

図 6.3　個々の磁気モーメントと磁化ベクトル

クトル（図 6.3（c）の白抜矢印）は磁場方向に向くことになる．ベクトル表記では

$$M = \sum \mu = \sum_{+\frac{1}{2}} \mu + \sum_{-\frac{1}{2}} \mu = M_1 + M_2 \tag{6.9}$$

となる．

個々の元素の磁気モーメント上下の 2 方向に向くことしかできないが，それらの合成ベクトルである組織の磁化ベクトルを任意の方向に向かわせることが可能である．図 6.4 に示すように，個々の核磁気モーメントを円錐面に偏って配列させると，合成ベクトル M_1 および M_2 は z 軸方向とは異なる方向を向

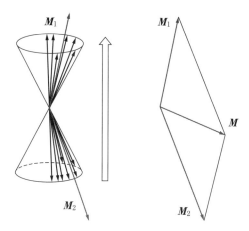

図 6.4
磁化ベクトルの方向

く．したがって，その2つの合成ベクトルである磁化ベクトル M は，2つの準位への核磁気モーメントの配置の偏りの程度と励起数に依存して任意の方向に向くことになる．この磁化ベクトルを傾ける操作は，後述の RF パルスを印可することで行う．

さらに，個々の磁気モーメントは同じ位相で歳差運動をしているため，その磁化ベクトルは z 軸の周りをラーモアの周波数で回転することになる．

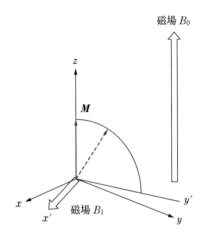

図 6.5 回転磁場と磁化ベクトルの回転

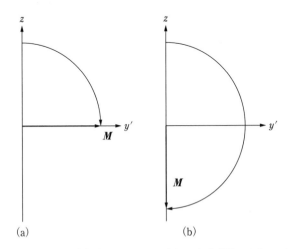

図 6.6 90°パルス（a）と 180°パルス（b）による磁化ベクトルの回転

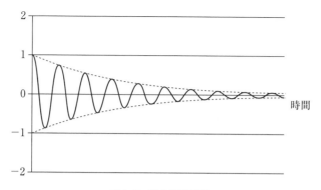

図 6.7 自由誘導減衰

磁化ベクトルの任意の方向を変えることは，次のように理解できる．電磁波は電場と磁場が進行方向に垂直に振動して伝搬するため，共鳴周波数の RF は，その周波数で回転する磁場を加えたことに相当する．

静止座標系（xyz）で静磁場 B_0 の印可により磁化ベクトルは，前述のように磁場に比例した磁化ベクトルが z 軸方向に生じている．ここに，z 軸に垂直な方向から静止座標系に固定されたコイルから高周波パルスを加えると，回転磁場 B_1 が発生する（図 6.5）．その回転磁場の方向を x' 軸とすると，回転磁場は磁化ベクトルを x' 軸の回りに回転させるトルクが働く．それにより，磁化ベクトルは $y'z$ 面内を回転し倒れる．倒れる角度は，加えるパルスの強度と持続時間に依存する．y' 軸まで倒す場合を 90°パルス（図 6.6 (a)），$-z$ 軸まで倒す場合を 180°パルス（図 (b)）という．

90°パルスの後，磁化ベクトルは外部磁場の周りをラーモア周波数で回転する．この回転は，**自由誘導減衰**（free induction decay, FID）信号を生じさせる．図 6.7 には，検出コイルで得られる FID 信号を示す．

6.2 緩 和 時 間

6.2.1 緩和現象（縦緩和・横緩和）

核磁気共鳴において，**縦緩和**と**横緩和**の 2 つの緩和現象がある．縦緩和は RF パルスでエネルギーの高い準位へ分布が変えられた後，スピン格子相互作

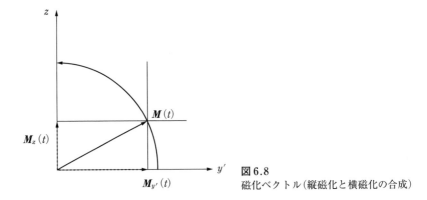

図 6.8　磁化ベクトル(縦磁化と横磁化の合成)

用により元のエネルギーの低い状態に戻る．つまり，熱平衡状態のボルツマン分布に戻って行くエネルギー放出現象である．一方，横緩和とは，RF パルスにより円錐面上に偏りもって磁気モーメントが配置された状態から元の均一な配置に戻る現象である．この横緩和のとは，**スピン・スピン相互作用**および**静磁場の強さの不均一性**に起因して，揃った位相での歳差運動が徐々に位相が揃わなくなる現象（**位相分散**）である．真の横緩和はスピン・スピン相互作用によるものを指す．そのため，磁化ベクトルの z 軸に垂直な方向の成分は徐々に小さくなる．横緩和では，エネルギーの放出はない．2 つの緩和現象の理解のために，90°パルス後の磁化ベクトル M の挙動を眺める．

図 6.8 に示すように，90°パルス後の初期状態では磁化ベクトル M は回転座標系の y' 軸にある．y' 軸に磁化ベクトルを作るのは，2 つの準位の個々の磁気モーメントの偏りを作り出す（位相を揃える）ことである．つまり，回転座標系の $x'y'$ 平面への個々の磁気モーメントの射影の合成が，**横磁化** $M_{y'}$ を作り出す．スピン・スピン相互作用で回転の位相がばらけることにより，徐々に $M_{y'}$ の大きさは小さくなる．一方，90°パルス後の初期状態では 2 つの準位を占める数は同数なので，**縦磁化** M_z の大きさはゼロとなる．しかし，スピン・格子相互作用により高エネルギー準位から低エネルギー準位へ戻るため，徐々に磁場と平行な磁気モーメントが増え，M_z の大きさは増加し最終的に熱平衡状態のボルツマン分布に戻っていく．したがって，磁化ベクトルは縦磁化と横磁化のベクトル和で形成されるため，磁化ベクトルは時間の関数である．

6.2.2 縦緩和（T1緩和）

90°パルス波後の縦磁化 M_z は時間 t の関数として

$$M_z(t) = M_{z,0}\left(1 - e^{\frac{t}{T_1}}\right) \tag{6.10}$$

に従って，熱平衡状態の初期値 $M_{z,0}$ の値に回復する．ここで，T_1 は縦緩和時間である．つまり，$M_{z,0}$ が 63%（$=1-e^{-1}=100\%-37\%$）にまで回復する時

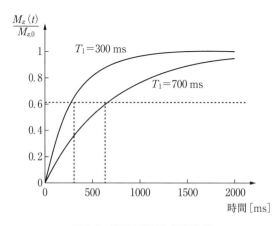

図 6.9　縦緩和時間と緩和曲線

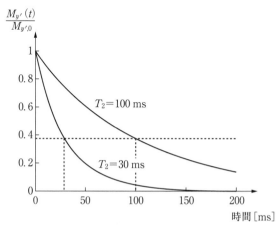

図 6.10　横緩和時間と緩和曲線

間である．図6.9には縦緩和時間が300, 700 msの緩和曲線を示した．

6.2.3 横緩和（T2緩和）

90°パルス後の横磁化$M_{y'}$は時間tの関数として

$$M = M_{y',0} e^{-\frac{t}{T_2}} \tag{6.11}$$

に従って，90°パルス後の横磁化の最大値$M_{y',0}$の値からゼロに減衰する．ここで，T_2は横緩和時間である．つまり，$M_{y',0}$が37%（$=e^{-1}=37\%$）に減衰する時間である．図6.10には縦緩和時間が30, 100 msの緩和曲線を示した．一般的に横緩和は，縦緩和よりも速く回復する．

6.2.4 180°パルスによる磁化ベクトル

180°パルスによる磁化ベクトルの挙動を図6.11に示す．z軸のマイナス方向にM_0をもったベクトルは方向を変えることなく徐々に短くなり，一旦ゼロになった後，z軸の正の方向に成長しRFパルス印可前のM_0に回復していく．この磁化ベクトルはz軸上にあるため回転する磁化ベクトルではない．そのため，この回復の様子を現象として観測するためには，z軸にある磁化ベクトルを$x'y'$面に倒し，検出コイルでその大きさを測定する必要がある．

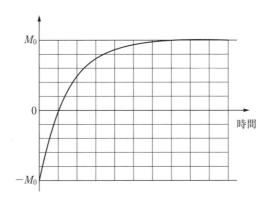

図6.11　180°パルスによる磁化ベクトル

演習問題

6.1 MRIの共鳴周波数を表す式はどれか．ただし，γは磁気回転比，B_0は静磁場強度とする．
1. $2\pi B_0 \gamma$　2. $2\pi B_0/\gamma$　3. $\gamma B_0/(2\pi)$　4. $B_0/(2\pi\gamma)$　5. $\gamma/(2\pi B_0)$

6.2 核磁気共鳴核種はどれか．2つ選べ．
1. ^{12}C　2. ^{19}F　3. ^{23}Na　4. ^{32}P　5. ^{40}K

6.3 ラーモア周波数はどれか．
1. パルスの繰り返し周波数
2. 核の歳差運動の周波数
3. 電子の歳差運動の周波数
4. 位相エンコードの周波数
5. 磁場の変動周波数

6.4 核磁気共鳴で正しいのはどれか．2つ選べ．
1. 横緩和は，縦緩和よりも遅く回復する．
2. 核スピン間の相互作用による緩和時間はT_1で表す．
3. 静磁場中の核スピン(I)は$(2I+1)$個のエネルギー準位に分かれる．
4. 共鳴周波数は静磁場の大きさに比例する．
5. 質量数2の重陽子は核磁気共鳴装置で測定できない．

6.5 核磁気共鳴で縦緩和と関係があるのはどれか．
1. α分散　2. β分散　3. クーロン相互作用
4. スピン-格子相互作用　5. スピン-スピン相互作用

6.6 核磁気共鳴現象において，90度RFパルス印可後において300 msで縦磁化が50%まで回復する組織の縦緩和時間[ms]はどれか．ただし，$\log_e 2=0.693$とする．
1. 111　2. 150　3. 189　4. 433　5. 600

6.7 縦磁化の回復を表す式はどれか．

1. $M_0\left(1+e^{\frac{t}{T_1}}\right)$ 2. $M_0 e^{\frac{t}{T_1}}$ 3. $M_0 e^{-\frac{t}{T_1}}$

4. $M_0\left(1-e^{\frac{t}{T_1}}\right)$ 5. $M_0\left(1+e^{\frac{T_1}{t}}\right)$

6.8 磁場の強さが3Tのとき ^{1}H の核磁気共鳴周波数が127.8 MHz であった．^{1}H のラーモア周波数（MHz）はどれか．

1. 21.3 2. 42.6 3. 63.9 4. 128.7 5. 426.0

演習問題解答

【第 1 章】

1.1 5   1.2 1,2   1.3 1   1.4 5

【第 2 章】

2.1 3

解説：基底状態にある $_{10}$Ne の電子軌道は，$_{10}$Ne：$(1s)^2(2s)^2(2p)^6$ であるから，2p 軌道には 6 個の電子が入る．

2.2 4

解説：L 殻の主量子数 $n=2$ だから，軌道電子の最大数は $2n^2=2\times 2^2=8$

2.3 2,5

解説：量子数 n，方位量子数 l，磁気量子数 m とすると，方位量子数 l および磁気量子数 m の最大値 l_{max}，m_{max} には，$l_{max}=n-1$，$m_{max}=|l|$ が成り立つ．これを満たしているのは，2 と 5 である．

2.4 4

解説：題意より，$n=3, l=2$ であるから，電子の軌道数は $2l+1=5$．これにスピン軌道を考慮して，$5\times 2=10$．

2.5 2,4

解説：
1. 電子は素粒子で複合粒子ではない．
2. 正しい．
3. 核力には荷電独立性が成り立つ．
4. 正しい．
5. $^1_1$H の原子核は陽子 1 個のみである．

2.6 1

解説：
1. 正しい．
2. 核力は電荷の有無に関係なく (p·p), (p·n), (n·n) 間で同様に作用する．

3. 魔法数のときに原子核は安定となる.
4. 同位体は陽子数が等しい核種である.
5. ^{56}Fe付近で最大で約 8.8 MeV である.

2.7 5

解説:
$$\Delta m = 2\times(1.0073+1.0087+0.0005)-4.0026 = 0.0304 \text{ u}$$
したがって
$$\Delta mc^2 = 0.00304\,[\text{u}]\times 931.5\left[\frac{\text{MeV}}{\text{u}}\right] = 28.3\text{ MeV}$$

2.8 5

解説:
1.〜4. は正しい.
5. 陽子数と中性子数がともに偶数の原子核の核スピンはゼロである.

2.9 2

解説:
1. $^2_1\text{H} \to I=1$
2. $^3_2\text{He} \to I=\frac{1}{2}$
3. $^4_2\text{He} \to I=0$
4. $^7_4\text{Be} \to I=\frac{3}{2}$
5. $^{12}_{6}\text{C} \to I=0$

【第 3 章】

3.1 3   **3.2** 3   **3.3** 2   **3.4** 4   **3.5** 3

3.6 2

解説:
1. ×（制動 X 線の最短波長は管電圧に反比例する. $\lambda_{\min}=\dfrac{12.4}{V}$）
2. ○（X 線の発生強度は管電圧の 2 乗に比例する. $\eta \propto iV^2Z$）
3. ×（特性 X 線のエネルギーは原子に固有である.）
4. ×（エネルギーフルエンスは管電圧波形に依存する.）
5. ×（入射電子が低エネルギーでは，そもそも電離しないため，電子軌道に空位が生じない.）

3.7 5

解説:

特性 X 線の代わりにオージェ電子が発生する（特性 X 線とオージェ電子は競合する）．

3.8　4

解説：

1. ×（可干渉性散乱では，入射光子と散乱光子のエネルギーは同じ．）
2. ×（光電効果の質量減弱係数 $\mu_m \propto \dfrac{Z^{3\sim4}}{(h\nu)^{3.5}}$）
3. ×（入射光子のエネルギーは，散乱光子と反跳電子（と電離）に配分されるため，散乱光子のエネルギーは入射光子より小さい．）
4. ○
5. ×（光核反応には物質に応じたしきいエネルギーが存在する．）

3.9　4

解説：

コンプトン散乱光子エネルギー

$$h\nu' = \dfrac{h\nu}{1+\dfrac{h\nu}{0.511}(1-\cos 180)} = \dfrac{0.1}{1+\dfrac{0.1}{0.511}\times 2} = 0.0718\,\text{MeV}$$

【第4章】

4.1　3, 4

解説：30 MeV とエネルギーが高いことから，干渉性散乱，光電吸収過程を除外し，低原子番号の水では光核反応は発生しないことを想起すれば，容易に解答が得られる．（本文の図 4.1 光子エネルギーによる各相互作用の断面積の変化（水）[1,2] 参照）

4.2　1

解説：設問 4.1, 4.4 は本文「4.1.3（2）光電吸収の断面積」と図 4.3 光子エネルギーによる光電吸収断面積の変化を参照．設問 4.2, 4.3 は，質量当たりの光電吸収の断面積 ${}_a\tau/\rho\,(\text{m}^2\,\text{kg}^{-1})$ と $h\nu$ および Z との関係は次式から判断すること（式 (4.15)）．設問 4.5 は図 4.9 光電子エネルギーによる立体角当たりの光電子数の角度分布の変化を参照．

$$\dfrac{{}_a\tau}{\rho} \propto \dfrac{Z^3}{(h\nu)^3}$$

4.3 3

解説：式 (4.20)，(4.21)

$$h\nu' = \frac{h\nu}{1+\alpha(1-\cos\theta)}, \quad \alpha = \frac{h\nu}{m_e c^2}$$

から

$$h\nu' = \frac{0.511}{1+\frac{0.511}{0.511}(1-\cos 180°)} = \frac{0.511}{3} = 0.170$$

4.4 3

解説：しきいエネルギーは同位体ごとに異なるが，原子番号が増大するほどしきいエネルギーは減少する．（表 4.1 各種金属の (γ, n) と (γ, p) 反応のしきいエネルギー[10] 参照）^{65}Cu の (γ, n) 反応のしきいエネルギーは 9.9 MeV．リニアックの X 線ターゲットに銅が採用されている根拠となっている．

4.5 2

解説：

$dN = \frac{\mu}{\rho} N \, dt$ より

$dN = 6.67 \times 10^{-2} \text{cm}^2\text{g}^{-1} \times 10^4 \times 0.1 \text{ cm} \times 2.25 \text{ g cm}^{-3}$

4.6 2

$\lambda = \frac{1.226}{\sqrt{1000}} \cong 0.0388 \text{ [nm]}$

4.7 2．

解説：

1. 弾性散乱で電子の運動エネルギーは減少する．
2. 電離に要するエネルギーは励起のそれよりも大きい．
3. 原子核とのクーロン衝突で放射されるのは制動 X 線である．
4. 電離断面積は，一般にしきいエネルギー付近から増加しピークを迎えた後減少する．
5. 内殻軌道電子もはじき飛ばされて軌道に欠損が生じ得る．

4.8 5．

解説：

1. 陽電子は電子と衝突して消滅する．
2. エネルギーが大きくなると消滅確率が減少する．
3. PET で用いられる現象である．

4. 発生 γ 線の全エネルギーは陽電子と電子の静止質量エネルギーの和と等しい．
5. 0.511 MeV の γ 線が 2 本放出される．

4.9 3.

解説：
1. 単位長さ当たりに付与されるエネルギーである．
2. エネルギーに依存し，ピークを与えるエネルギー以上では減少する．
3. $\dfrac{S_{\mathrm{rad}}}{S_{\mathrm{col}}} \cong \dfrac{(T+m_0 c^2)Z}{820}$
4. 質量阻止能であっても物質の相によって異なる．
5. 平均励起エネルギー (I) と電離エネルギーしきい値とは異なる．

4.10 4.

解説：
1. 軽い粒子のため衝突により容易に方向を変えながら進行する．
2. csda 飛程は射影飛程よりも長い．
3. 放射阻止能も含めた全阻止能から計算される．
4. 物質中原子密度にほぼ反比例する．
5. 電子エネルギー（の範囲）に応じて異なる．

4.11 $E=mv^2/2$ であることから，$v^2=2E/m$．これを式（4.83）に代入して，
$$S \propto \dfrac{z^2}{v^2} \propto \dfrac{mz^2}{E}.$$
この関係と式（4.92）を用いて
$$R=\int_0^E \dfrac{dE}{S(E)} \propto \int_0^E \dfrac{E}{mz^2}dE \propto \dfrac{E^2}{mz^2}.$$

4.12 α 線に対し，式（4.94）を用いると，$m/m_p=4$, $z=2$ であるから，400 MeV/4 = 100 MeV の陽子の飛程を $m/(z^2 m_p)=1$ 倍すればよく，表 4.4 より，7.7 cm．

4.13 飛程に関する問題 4.11 の関係式と $E=mv^2/2$ より
$$R \propto \dfrac{E^2}{mz^2} \propto \dfrac{mv^4}{z^2}$$
したがって，同一速度の荷電粒子の飛程は m/z^2 に比例する．これより
$$R_\alpha = R_p, \quad R_C = R_p/3$$

4.14　1

解説：問題 4.11 の関係式を用いて概算すると，α 粒子の阻止能は同じエネルギーの陽子の約 16 倍となる．飛程は物質密度に反比例する．

4.15　5

4.16　1　　4.17　2,3,4　　4.18　1,3,5　　4.19　4　　4.20　1,4

【第 5 章】

5.1　3　　5.2　2,3　　5.3　解答　　5.4　3　　5.5　2
5.6　3　　5.7　2　　5.8　1　　5.9　2　　5.10　3

【第 6 章】

6.1　3　　6.2　2,3　　6.3　2　　6.4　3 と 4　　6.5　4
6.6　4　　6.7　1

索　引

〈ア　行〉

アクチニウム系列……………………… 45
アボガドロ定数………………………… 2
イオン化エネルギー………………… 4,12
位相分散………………………………… 156
陰電子…………………………………… 81
運動エネルギー……………………… 1,6,12
運動量保存則…………………………… 97
永続平衡………………………………… 47
液　相…………………………………… 99
液滴模型………………………………… 19
エコー…………………………………… 140
エネルギー準位………………………… 11
エネルギースペクトル……………… 36,57
エネルギー転移断面積………………… 77
エネルギー保存則…………………… 35,97
オージェ効果…………………………… 56
オージェ収率…………………………… 35
オージェ電子…………………………… 37
親　核…………………………………… 29
音　圧…………………………………… 137
音圧透過率……………………………… 141
音圧反射率……………………………… 141
音響インピーダンス……………… 137,140
音　速…………………………………… 136
音　波…………………………………… 135

〈カ　行〉

ガイガー-ヌッタルの法則……………… 34
回転励起………………………………… 98
外部磁場………………………………… 149
壊　変…………………………………… 29
壊変エネルギー………………………… 35
壊変系列………………………………… 45
壊変図…………………………………… 33
壊変定数………………………………… 29
壊変の法則……………………………… 29
ガウスの法則…………………………… 118
殻………………………………………… 13
核異性体……………………………… 15,42
核異性体転移…………………………… 42
拡散減衰………………………………… 138
核　子…………………………………… 15
核磁気回転比…………………………… 25
核磁気共鳴……………………………… 152
核磁気共鳴核種………………………… 148
核磁気モーメント………………… 25,148
核磁子…………………………………… 148
核子放出………………………………… 43
核　種…………………………………… 15
核スピン………………………………… 22
核破砕粒子……………………………… 115
核反応…………………………………… 115
核分裂……………………………… 19,43
核分裂収率……………………………… 44

核分裂生成物……………… 44
核分裂片…………………… 44
殻模型……………………… 21
核融合……………………… 19
核　力……………………… 16
荷電独立性………………… 16
荷電粒子…………………… 3,6
過渡平衡…………………… 47
干　渉……………………… 135
干渉性散乱………………… 63
間接電離放射線…………… 3
緩和現象…………………… 155
緩和時間…………………… 155

気　相……………………… 99
基底状態…………………… 11,33,98
軌道角運動量……………… 22
軌道電子…………………… 13
軌道電子捕獲……………… 37
吸収減衰…………………… 138
吸収端……………………… 69
球面波……………………… 136
強　度……………………… 52,100,128
共鳴吸収…………………… 128
共鳴周波数………………… 152
巨視的断面積……………… 96
距離の逆2乗の法則………… 138

クォーク…………………… 16
屈　折……………………… 109,135
首振り運動………………… 151
クライン-仁科の式………… 75
クラマースの式…………… 53
クーロン散乱……………… 95
クーロン衝突……………… 93
クーロン障壁……………… 34
クーロン相互作用………… 3,111

クーロン力………………… 11,113
系列壊変…………………… 45
結合エネルギー…………… 2,18
血流速度の測定法………… 142
原　子……………………… 9
原子核……………………… 9,15
原子核チャート…………… 29
原子スペクトル…………… 10
原子断面積………………… 65,83,87
原子模型…………………… 9
減　弱……………………… 89
減弱係数…………………… 96
減　衰……………………… 31,137
光　子……………………… 4,7,61
光子エネルギー…………… 4,61
光子束……………………… 87
光速度……………………… 2
光電吸収…………………… 68
光電効果…………………… 3
光電子……………………… 68
古典散乱…………………… 63
古典散乱係数……………… 65
古典電子半径……………… 64
コンプトン散乱…………… 72
コンプトン端……………… 75

〈サ　行〉

歳差運動…………………… 151
最大飛程…………………… 109
最短波長…………………… 55
三対子生成………………… 61,81
散　乱……………………… 135
散乱角……………………… 64,95
散乱減衰…………………… 138
散乱光子…………………… 63,73

散乱光子エネルギー……………………… 73
散乱断面積………………………………… 77

磁化ベクトル……………………… 149,152,158
しきいエネルギー………………… 81,98,127
磁気回転比………………………… 147,152
磁気双極子………………………………… 23
磁気双極子モーメント………………… 24,147
磁気モーメント…………………… 23,147
磁気量子数………………………………… 13
実験系……………………………… 102,126
質量エネルギー吸収係数………………… 90
質量エネルギー転移係数………………… 90
質量欠損…………………………………… 18
質量減弱係数……………………………… 88
質量衝突阻止能…………………………… 103
質量数……………………………………… 15
質量阻止能………………………………… 116
質量偏差…………………………………… 36
質量放射阻止能…………………………… 103
自発核分裂………………………………… 43
射影飛程…………………………………… 108
重荷電粒子………………………………… 111
重心系……………………………………… 126
周波数偏移………………………………… 143
自由誘導減衰……………………………… 155
縮　退……………………………………… 149
主量子数…………………………………… 13
シュレディンガー………………………… 13
衝突径数…………………………………… 100
衝突阻止能………………………………… 104
衝突損失…………………………………… 103
衝突断面積………………………………… 95
消滅γ線…………………………………… 102
消滅放射線………………………………… 3
正面衝突…………………………………… 96

シンクロトロン放射……………………… 100
振動数……………………………………… 4
振動数条件………………………………… 11
振動励起…………………………………… 98
深部線量分布……………………………… 122
ストラグリング…………………………… 123
スネルの法則……………………………… 141
スピン角運動量…………………………… 21
スピン・スピン相互作用………………… 156
スピン量子数……………………………… 13
静止エネルギー…………………………… 2
静磁場……………………………… 23,149
制動X線…………………………………… 51
制動放射…………………………………… 100
制動放射収率……………………………… 108
制動放射線…………………………… 3,52
絶対温度…………………………… 126,150
ゼーマン効果……………………………… 149
ゼーマン分裂……………………………… 149
遷　移……………………………… 38,41,55
前期量子論………………………………… 13
線減弱係数………………………………… 89
全質量阻止能……………………………… 103
線スペクトル……………………………… 36
線阻止能…………………………………… 103
全阻止能…………………………………… 103
全断面積…………………………………… 88
相互作用…………………………… 7,51,61
相互作用断面積…………………………… 95
速中性子…………………………………… 126
阻止X線…………………………………… 5
阻止能……………………………… 96,103,116
素電荷……………………………………… 2,92
疎密波……………………………………… 135

素粒子……………………………… 7,92

〈タ 行〉

第1イオン化エネルギー…………… 116
対数減衰率………………………… 138
体積弾性率………………………… 136
多重クーロン散乱………………… 113
縦緩和……………………………… 155
縦磁化……………………………… 156
縦　波……………………………… 135
弾性散乱……………………… 96,112,126
断面積……………………………… 61

チェレンコフ放射………………… 109
中間子……………………………… 16
中性子………………………… 15,125
中性子過剰数……………………… 21
中性子線…………………………… 7
中性子放出………………………… 43
中性微子…………………………… 8
超音波……………………………… 136
超音波の強さ……………………… 137
直接電離放射線…………………… 3
強い相互作用……………………… 16

定常状態…………………………… 11
デュエン・ハントの式…………… 55
電　荷……………………………… 9
電気素量…………………………… 53
電　子…………………………… 9,92
電子軌道…………………………… 13
電子衝突断面積…………………… 99
電子線…………………………… 6,93
電子対消滅………………………… 102
電子対生成………………………… 81
電子ニュートリノ………………… 37

電磁波……………………………… 4,9
電磁波 RF ………………………… 152
電子微分断面積…………………… 64
電子付着…………………………… 99
電磁放射線………………………… 1
電子ボルト………………………… 2
電　離…………………………… 2,51
電離エネルギー…………………… 2
電離放射線……………………… 1,98
電離ポテンシャル………………… 98
同位体……………………………… 15
統一原子質量単位………………… 18
透過波……………………………… 141
透過率……………………………… 142
同重体……………………………… 15
同中性子体………………………… 15
特殊相対性理論…………………… 5
特性 X 線 ………………… 3,37,51,55
特性 X 線エネルギー……………… 56
ドプラ効果………………………… 142
ド・ブロイ波長…………………… 92
トムソン散乱……………………… 63
トリウム系列……………………… 45
トルク……………………………… 151
トンネル効果……………………… 34

〈ナ 行〉

内部転換…………………………… 41
内部転換係数……………………… 42
内部転換電子……………………… 41
二次電子…………………………… 107
ニュートリノ……………………… 39
ニュートン力学…………………… 6
熱外中性子………………………… 126

索引　171

熱中性子……………………………… 125
ネプツニウム系列…………………… 45

〈ハ　行〉

排他原理……………………………… 13
パウリの原理………………………… 13
パスカル……………………………… 139
波　束………………………………… 93
波　長………………………………… 4
波　動………………………………… 61
ハドロン……………………………… 8
バリオン……………………………… 8
バルマー系列………………………… 10
バルマーの式………………………… 10
バーン………………………………… 127
半減期………………………………… 32
反　射………………………………… 136
反射率………………………………… 142
反　跳………………………………… 35
反跳エネルギー……………………… 97
反跳角………………………………… 72
反跳電子……………………………… 72
反電子ニュートリノ…………… 36,125
反粒子………………………………… 92
光核反応……………………………… 84
非荷電粒子…………………………… 3
非干渉性散乱関数…………………… 79
微視的線量計量……………………… 107
飛　跡………………………………… 107
飛跡形状……………………………… 107
非弾性散乱…………………… 97,114,127
飛　程………………………… 107,112,116,120
非電離放射線………………………… 1
微分断面積……………………… 64,96
標　的………………………………… 93

標的核………………………………… 115
フェルミ[fm]………………………… 17
フェルミ統計………………………… 22
フェルミの理論……………………… 40
複合粒子……………………………… 16
部分壊変定数………………………… 33
フラグメンテーション……………… 115
ブラッグピーク……………………… 107,124
プランク定数………………………… 4,93
ブレムストラールンク……………… 5
分岐比………………………………… 53
平均自由行程………………………… 90
平均寿命……………………………… 32
平均励起エネルギー………………… 104,116
ベクレル[Bq]………………………… 31
ボーアの原子模型…………………… 10
ボーア半径…………………………… 11
方位量子数…………………………… 13
放射エネルギー……………………… 52
放射性壊変…………………………… 29
放射性核種…………………………… 29
放射性同位元素……………………… 6
放射線………………………………… 1
放射阻止能…………………………… 103,105
放射損失……………………………… 116
放射能………………………………… 31
放射平衡……………………………… 47
捕　獲………………………………… 127
ボーズ統計…………………………… 22
ボルツマン定数……………………… 126
ボルツマン分布……………………… 149

〈マ　行〉

マイクロドジメトリ………………… 107

マクスウェル・ボルツマン分布 ……… *125*
魔法数 …………………………………… *21*
みそすり運動 ……………………………… *151*
密度効果補正 …………………………… *104*
娘　核 …………………………………… *29*
モーズレーの法則 ……………………… *56*
モンテカルロシミュレーション ……… *100*

〈ヤ　行〉

誘電率 …………………………………… *116*
誘導核分裂 ……………………………… *43*
揺らぎ ………………………………… *120,124*
陽　子 …………………………………… *15*
陽子放出 ………………………………… *43*
陽電子 …………………………………… *92*
横緩和 ……………………………… *155,158*
横磁化 …………………………………… *156*
横　波 …………………………………… *135*

〈ラ　行〉

ラジウム系列 …………………………… *45*
ラジオ波 ………………………………… *151*
ラーモア周波数 ………………………… *151*
乱　数 …………………………………… *100*
立体角 …………………………………… *64*
リッツの結合原理 ……………………… *10*
粒　子 ………………………………… *50,61*
粒子線治療 ……………………………… *112*
粒子速度 ………………………………… *141*
粒子放射線 ……………………………… *1,5*
流　束 …………………………………… *93*
リュードベリ定数 ……………………… *10*
量子化条件 ……………………………… *10*
量子数 …………………………………… *13*

量子力学 ………………………………… *13*
量子論 …………………………………… *13*
臨界エネルギー ………………………… *110*
励　起 …………………………………… *2*
励起エネルギー ………………………… *44*
励起状態 ………………………………… *98*
レイリー散乱 …………………………… *65*
レプトン ………………………………… *8*
連鎖反応 ………………………………… *44*
連続 X 線 ………………………………… *53*
ローレンツ因子 ………………………… *6*

〈英　名〉

Bateman 方程式 ………………………… *47*
Bethe-Bloch の式 ……………………… *116*
CSDA …………………………………… *120*
csda 飛程 …………………………… *108,120*
d 軌道 …………………………………… *13*
EC ……………………………………… *34,37*
Ehrenfest の定理 ……………………… *93*
eV ………………………………………… *2*
f 軌道 …………………………………… *13*
^{68}Ge …………………………………… *48*
IC ………………………………………… *41*
ICRU ……………………………… *104,120*
K 殻 ……………………………………… *13*
K 吸収端 ………………………………… *69*
L 殻 ……………………………………… *13*
L 吸収端 ………………………………… *69*
M 殻 ……………………………………… *13*
N 殻 ……………………………………… *13*
neper …………………………………… *139*
NMR …………………………………… *152*
O 殻 ……………………………………… *13*
p 軌道 …………………………………… *13*

索　引

PET ……………………………… *102*	α 壊変 …………………………… *33*
Q 値 …………………………… *35*	α 線 ……………………………… *7*
s 軌道 …………………………… *13*	β 壊変 …………………………… *36*
T1 緩和 ………………………… *157*	β^- 壊変 ………………………… *39*
T2 緩和 ………………………… *158*	β^+ 壊変 ………………………… *39*
^{99m}Tc ……………………………… *49*	β 線 …………………………… *6,39*
$1/v$ 則 ………………………… *128*	γ 線 ……………………… *4,41,50*
X 線 …………………………… *4,50*	γ 遷移 ………………………… *41*
X 線強度 ……………………… *52*	π 中間子 ……………………… *6,16*

〈著者紹介〉（執筆順）

鬼塚　昌彦（おにづか　よしひこ）
　1976 年　九州大学大学院理学研究科物理学専攻博士課程単位取得退学
　専門分野　医学物理学
　現　在　元九州大学教授，医学博士

椎山　謙一（しいやま　けんいち）
　1992 年　福岡大学大学院理学研究科応用物理学専攻博士課程後期修了
　専門分野　放射線物理学
　現　在　純真学園大学教授，博士（理学）

阿部　慎司（あべ　しんじ）
　1988 年　日本大学理工学部理工学研究科博士前期課程修了
　専門分野　放射線技術学
　現　在　茨城県立医療大学教授，博士（理学）

長谷川　智之（はせがわ　ともゆき）
　1994 年　東京大学大学院理学研究科修了
　専門分野　医学物理学
　現　在　北里大学医療衛生学部教授，博士（理学）

澤田　晃（さわだ　あきら）
　2008 年　京都大学大学院工学研究科修了
　専門分野　医用画像処理，放射線物理，放射線治療
　現　在　京都医療科学大学教授，博士（工学）

齋藤　秀敏（さいとう　ひでとし）
　1999 年　日本大学大学院理工学研究科博士後期課程修了
　専門分野　医学物理学，放射線治療物理学
　現　在　東京都立大学大学院人間健康科学研究科教授，博士（工学）

伊達　広行（だて　ひろゆき）
　1985 年　北海道大学大学院工学研究科修士課程修了
　専門分野　医用量子線工学
　現　在　北海道大学大学院保健科学研究院教授，博士（工学）

土橋　卓（どばし　すぐる）
　2005 年　東京大学大学院総合文化研究科広域科学専攻博士課程修了
　専門分野　放射線物理
　現　在　東北大学大学院医学系研究科助教，博士（学術）

田中　浩基（たなか　ひろき）
　2004 年　九州大学大学院工学府エネルギー量子工学専攻修了
　専門分野　医学物理学，放射線計測学
　現　在　京都大学複合原子力科学研究所准教授，博士（工学）

診療放射線基礎テキストシリーズ ②
放射線物理学

2019 年 3 月 10 日　初版 1 刷発行
2025 年 2 月 10 日　初版 5 刷発行

検印廃止

著　者　鬼塚昌彦・椎山謙一・阿部慎司・長谷川智之・澤田晃
　　　　齋藤秀敏・伊達広行・土橋卓・田中浩基　　　　　　　Ⓒ 2019

発行者　南條光章

発行所　共立出版株式会社

〒 112-0006　東京都文京区小日向 4 丁目 6 番 19 号
電話　03-3947-2511
振替　00110-2-57035
www.kyoritsu-pub.co.jp

一般社団法人
自然科学書協会
会員

印刷・製本：真興社
NDC 492.4／Printed in Japan

ISBN 978-4-320-06188-0

JCOPY ＜出版者著作権管理機構委託出版物＞
本書の無断複製は著作権法上での例外を除き禁じられています．複製される場合は，そのつど事前に，
出版者著作権管理機構（TEL：03-5244-5088，FAX：03-5244-5089，e-mail：info@jcopy.or.jp）の
許諾を得てください．

医用放射線辞典 第5版

医用放射線辞典編集委員会編

●画像診断の新時代に対応！

診療放射線技師を目指す読者を対象に，基礎から臨床まで国家試験ガイドラインに準拠して編集した用語辞典。医学，放射化学，医用工学，画像検査，画像工学，画像情報，放射線計測，核医学治療等の各分野のキーワードを出題基準に準拠して収録。第5版では，CT，MR，医学，治療関連を中心に全面的に見直し改訂。

【B6判・782頁・定価10,450円（税込）ISBN978-4-320-06175-0】

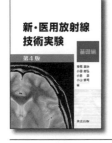

新・医用放射線技術実験 基礎編 第4版

安部真治・小田敍弘・小倉　泉・小山修司編

●診療放射線技師養成の実験テキスト

大綱化された指定規則および国家試験出題基準に沿って編集した診療放射線技師養成の実験テキスト。第4版では，化学・生物，医用工学，計測・管理，画像情報の全般を見直し改訂した。

【B5判・494頁・定価9,900円（税込）ISBN978-4-320-06195-8】

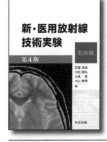

新・医用放射線技術実験 臨床編 第4版

安部真治・小田敍弘・小倉　泉・小山修司編

●診療放射線技師養成の実験テキスト

指定規則および国家試験出題基準に沿って編集した，診療放射線技師養成の実験テキスト。第4版では，X線，CT，MRなど画像診断，治療技術の進展に対応して，全般を見直し改訂した。

【B5判・522頁・定価9,900円（税込）ISBN978-4-320-06196-5】

読影の基礎 第4版
―診療画像技術学のための問題集―

読影の基礎編集委員会編

●技術的読影の基本を学習できる！

X線単純撮影・造影・CT・MR・RI・超音波画像を提示し，設問形式で技術的読影が学べるように構成した。第4版では，画像の一部を差し替え，正答肢の見直しを行った。

【A5判・516頁・定価4,730円（税込）ISBN978-4-320-06185-9】

（価格は変更される場合がございます）

共立出版

www.kyoritsu-pub.co.jp
https://www.facebook.com/kyoritsu.pub